全国中等职业学校电工类专业通用教材

全国技工院校电工类专业通用教材（中级技能层级）

机械知识

（第六版）

人力资源社会保障部教材办公室　　组织编写

中国劳动社会保障出版社

简 介

本书主要内容包括带传动和链传动、螺纹连接和螺旋传动、齿轮传动、轮系、常用机构、轴系零部件、液压传动、气压传动以及机械加工基础等。

本书由王欣任主编，王希波、王雪、王继武参与编写；张宝华任主审，张凤国参与审稿。

图书在版编目（CIP）数据

机械知识 / 人力资源社会保障部教材办公室组织编写 . -- 6 版 . -- 北京：中国劳动社会保障出版社，2021

全国中等职业学校电工类专业通用教材　全国技工院校电工类专业通用教材 . 中级技能层级

ISBN 978-7-5167-4820-6

Ⅰ. ①机… Ⅱ. ①人… Ⅲ. ①机械学 – 中等专业学校 – 教材 Ⅳ. ①TH11

中国版本图书馆 CIP 数据核字（2021）第 073794 号

中国劳动社会保障出版社出版发行

（北京市惠新东街 1 号　邮政编码：100029）

*

北京市白帆印务有限公司印刷装订　　新华书店经销

787 毫米 × 1092 毫米　16 开本　15 印张　286 千字
2021 年 7 月第 6 版　　2021 年 7 月第 1 次印刷

定价：29.00 元

读者服务部电话：（010）64929211/84209101/64921644
营销中心电话：（010）64962347
出版社网址：http://www.class.com.cn
http://jg.class.com.cn

为了更好地适应全国技工院校电工类专业的教学要求，全面提升教学质量，人力资源社会保障部教材办公室组织有关学校的一线教师和行业、企业专家，在充分调研企业生产和学校教学情况、广泛听取教师使用反馈意见的基础上，吸收和借鉴各地技工院校教学改革的成功经验，对现有电工类专业通用教材进行了修订（新编）。

本次教材修订（新编）工作的重点主要体现在以下几个方面。

更新教材内容

◆ 根据企业岗位需求变化和教学实践，确定学生应具备的知识与能力结构，调整部分教材内容，增补开发教材，使教材的深度、难度、广度与实际需求相匹配。

◆ 根据相关专业领域的最新技术发展，推陈出新，补充新知识、新技术、新设备、新材料等方面的内容。

◆ 根据最新的国家标准、行业标准编写教材，保证教材的科学性和规范性。

◆ 根据一体化教学理念，提高实践性教学内容的比重，进一步强化理论知识与技能训练的有机结合，体现"做中学、学中做"的教学理念。

优化呈现形式

◆ 创新教材的呈现形式，尽可能使用图片、实物照片和表格等形式将知识点生动地展示出来，提高学生的学习兴趣，提升教学效果。

◆ 部分教材将传统黑白印刷升级为双色印刷和彩色印刷，提升学生的阅读体验。例如，《电工基础（第六版）》和《电子技术基础（第六版）》采用双色设计，使电路图、波形图的内涵清晰明了；《安全用电（第六版）》将图片进行彩色重绘，符合学生的认知习惯。

提升教学服务

为方便教师教学和学生学习，除全面配套开发习题册外，还提供二维码资源、电子教案、电子课件、习题参考答案等多种数字化教学资源。

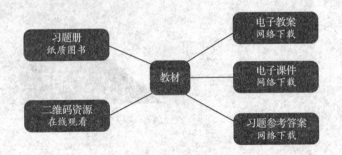

二维码资源——在部分教材中，针对重点、难点内容制作微视频，针对拓展学习内容制作电子阅读材料，使用移动设备扫描即可在线观看、阅读。

电子教案——结合教材内容编写教案，体现教学设计意图，为教师备课提供参考。

电子课件——依据教材内容制作电子课件，为教师教学提供帮助。

习题参考答案——提供教材中习题及配套习题册的参考答案，为教师指导学生练习提供方便。

电子教案、电子课件、习题参考答案均可通过中国技工教育网（http://jg.class.com.cn）下载使用。

致谢

本次教材的修订（新编）工作得到了辽宁、江苏、山东、河南、广西等省（自治区）人力资源社会保障厅及有关学校的大力支持，在此我们表示诚挚的谢意。

人力资源社会保障部教材办公室

2020 年 9 月

目　录

第六章　轴系零部件

第七章　液 压 传 动

第八章　气 压 传 动

第九章　机械加工基础

附录　常用液压与气动元件图形符号

绪　论

一、机械

机械是人们在长期的生活实践中创造并不断发展的，用来降低工作难度、减轻工作强度或提高工作效率的工具或装置。人们日常生活的各个方面都离不开机械，如剪刀、缝纫机、洗衣机、电风扇、自行车、汽车、飞机等。机械工业是国民经济的重要支柱产业之一，其发展程度不仅是一个国家综合国力的重要体现，也是居民物质生活水平的重要标志。机械的种类和品种很多，如图 0-1 所示的汽车、数控机床、挖掘机和 3D 打印机等都是机械。

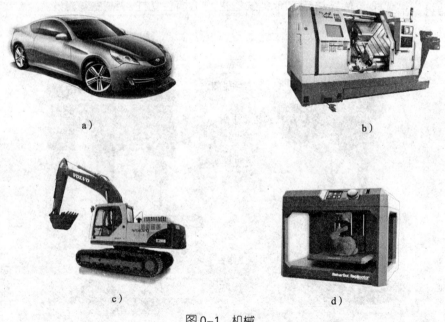

a)

b)

c)

d)

图 0-1　机械
a）汽车　b）数控机床　c）挖掘机　d）3D 打印机

1. 机械的组成

机械是机器和机构的总称。

（1）机器

机器是一种用来变换或传递运动、能量、物料与信息的实物组合，各运动实体之间具有确定的相对运动，可以代替或减轻人们的劳动，完成有用的机械功或将其他形式的能量转换为机械能。常见的机器有变换能量的机器、变换物料的机器和变换信息的机器等，其应用见表 0-1。

表 0-1　常见机器的类型及应用

类型	说明	应用举例
变换能量的机器	即动力机器，用来实现机械能与其他形式能量之间的转换	电动机、内燃机（包括汽油机、柴油机）等
变换物料的机器	包括加工机器和运输机器。加工机器用来改变物料的状态、性质、结构和形状；运输机器用来改变人或物料的空间位置	机床、起重机、电动缝纫机、运输车辆等
变换信息的机器	即信息机器，用来获取或处理各种信息	复印机、打印机、扫描仪等

图 0-2 所示为台式钻床（简称台钻），它是机械加工中一种常用的孔加工机器，由电动机、塔式带轮传动机构、主轴箱、进给手柄、立柱、钻夹头、可调工作台、底座等组成。

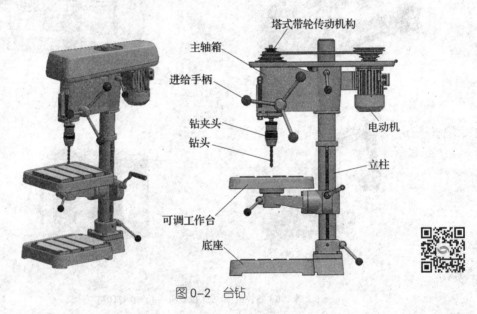

图 0-2　台钻

尽管机器多种多样、千差万别，但其组成大致相同，一般都由动力部分、传动部分、执行部分和控制部分等组成。如图 0-2 所示的台钻中，动力部分为电动机，传动部分为塔式带轮传动机构和主轴箱中的齿轮齿条进给机构，执行部分为钻头，控制部分为电源开关和进给手柄。钻头的旋转由电动机带动，钻头的升降通过旋转进给手柄完成。机器各组成部分的作用和应用举例见表 0-2。

表 0-2 机器各组成部分的作用和应用举例

组成部分	作用	应用举例
动力部分	把其他形式的能量转换为机械能，以驱动机器各部件运动	电动机、内燃机、蒸汽机和空气压缩机等
传动部分	将原动机的运动和动力传递给执行部分的中间环节	金属切削机床中的带传动、螺旋传动、齿轮传动和连杆机构等
执行部分	直接完成机器工作任务的部分，处于整个传动装置的终端，其结构形式取决于机器的用途	金属切削机床的主轴、滑板等
控制部分	显示和反映机器的运行位置和状态，控制机器正常运行和工作	机电一体化产品（如数控机床、机器人）中的控制装置等

为了改善机器的运行环境，延长机器的使用寿命，在许多机器中还需要设置一些辅助装置，如冷却装置、润滑装置、照明装置和显示装置等。

 提示

机器的种类很多，它们的构造、用途和功能各不相同，但仔细分析可以发现，它们都有以下共同特征。

1）机器是人为的物体组合。

2）各部分（实体）之间具有确定的相对运动。

3）能够转换或传递能量和信息，代替或减轻人类的劳动。

（2）机构

机构是具有确定相对运动的实物组合，是机器的重要组成部分。如图 0-2 所示台钻中包含了多种机构，如塔式带轮传动机构（见图 0-3）和钻头升降机构（见图 0-4）等。

图 0-3 塔式带轮传动机构

图 0-4 钻头升降机构

塔式带轮传动机构将电动机的动力和旋转运动传递给主轴，从而带动钻头旋转。该机构在传递动力和运动时，还可以通过变换 V 带的位置使钻头产生 5 种不同的转速。

钻头升降机构安装在主轴箱内，旋转该机构的进给手柄，齿轮旋转，带动齿条上下运动，实现钻头的升降。

机器与机构的区别主要是机器能完成有用的机械功或转换机械能，而机构只是传递运动、力或改变运动形式。机器包含着机构，机构是机器的主要组成部分。一部机器可以只含有一个机构，也可以含有多个机构。

（3）零件、部件与构件

机器是由若干个零件装配而成的。零件是机器及各种设备中最小的制造单元，如图 0-2 中的塔式带轮、立柱等都是零件。

在机械装配过程中，往往将零件先装配成部件，然后才进入总装配。部件是机器的组成部分，是由若干个零件装配而成的。如图 0-2 中的电动机和主轴箱等就是部件。

从运动学的角度出发，机器是由若干个运动单元组成的，这些运动单元称为构件。构件可以是一个零件，也可以是几个零件的刚性组合。如图 0-5 所示的拆卸器中，压紧螺杆、抓手是单个零件的构件；而把手、挡圈和沉头螺钉组成一个构件，横梁和销轴组成一个构件。

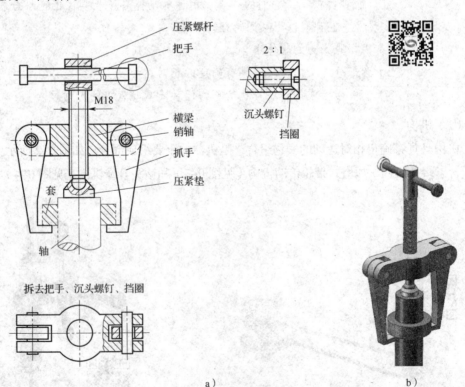

图 0-5　拆卸器
a）视图　b）立体图

（4）机器、机构、构件和零件的特征和区别（见表0-3）

表0-3　机器、机构、构件和零件的特征和区别

名称	特征	区别
机器	1）由许多构件人为组合而成。例如，图0-6所示的单缸内燃机是由气缸、活塞、连杆、曲轴等构件组合而成的 2）各运动实体之间具有确定的相对运动。例如，图0-6所示的活塞相对于气缸的往复移动 3）能代替或减轻人类的劳动来完成能量转换、物料变换或信息传递等	机器具有三个特征
机构	1）由许多构件人为组合而成 2）各运动实体之间具有确定的相对运动	机构具有机器的前两个特征
构件	组成机器的各个相对运动的实体。一个构件可以是不能拆开的整体，也可由多个零件刚性连接而成	构件是机构中运动的单元
零件	零件又可分为通用零件和专用零件两大类。通用零件是指各种机器常用到的零件，如螺钉、螺母、齿轮、弹簧等；专用零件是指某种机器才用到的零件，如电动机中的转子，内燃机中的曲轴、活塞等	零件是最小的制造单元

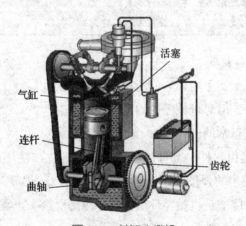

图0-6　单缸内燃机

2. 机械零件的失效形式

机械零件的失效形式及对机械工作的影响见表0-4。

表0-4　机械零件的失效形式及对机械工作的影响

失效形式	对机械工作的影响
断裂	断裂是一种严重的失效形式，它不但使零件失效，有时还会造成严重的人身及设备事故 断裂可分为韧性断裂、脆性断裂、疲劳断裂等几种形式。当零件在外载荷作用下，其某一危险截面上的应力超过零件的强度极限时将发生前两种断裂；当零件受交变应力作用时，危险截面上通常发生疲劳断裂。脆性断裂是突然发生的，具有很大的危险性

失效形式	对机械工作的影响
过量变形	机械零件受载时，必然会发生弹性变形。在允许范围内的微小弹性变形，对机器工作影响不大，但过量的弹性变形会使零件或机器不能正常工作，或者造成较大的振动，致使零件损坏 当零件过载时，塑性材料还会发生塑性变形。这会造成零件尺寸和形状的较大改变，破坏零件或构件的相互位置或配合关系，使机器不能正常工作
表面失效	机器的运转质量很大程度上取决于零件的表面质量，如磨损、疲劳点蚀、腐蚀、胶合等多出现于零件的表面。表面失效包括： 1）零件受力表面无相对运动的失效，如压溃 2）零件受力表面有相对运动的失效，如磨损、疲劳点蚀、胶合或表面塑性变形等 3）零件不受力表面的失效，如腐蚀等 零件的使用寿命在很大程度上受到表面失效的限制
破坏正常工作条件引起的失效	有些零件只有在一定的工作条件下才能正常工作，如果破坏了正常工作条件就会失效。例如，靠表面摩擦力保持工作能力的带传动，当传递的实际工作圆周力超过临界摩擦力时将发生打滑失效；又如，液体摩擦滑动轴承，当润滑油膜破裂时将发生过热、胶合、磨损等形式的失效

3. 机械零件的基本要求

从万吨水压机到机械式手表，它们所用的同类机构和零件，虽然尺寸、结构形状、工作条件等有很大差异，但对机械零件的基本要求是类似的。

（1）机械零件要有正常的工作能力

任何一部机器都是由零件、部件组成的，而零部件在使用时都承受外力的作用。因此，机械零件要有一定的强度、刚度、表面硬度、耐磨性等，这就要求选择合适的材料和热处理方式，才能避免机械零件由于某种原因而丧失正常的工作能力。

（2）机械零件要有良好的加工工艺性

零件的结构和材料会影响加工工艺性，而加工工艺性能直接影响到零件制造工艺和质量，最终影响机器的使用性能。因此，零件结构在满足使用要求的前提下，应尽可能简单、紧凑、易加工。

（3）机械零件要有一定的承载能力

机械零件在工作中，不仅会受到静载荷，有时还要受到冲击载荷，更多的情况会受到交变载荷。对于在工作中会受到冲击载荷的机械零件，其零件材料要有一定的韧性，因为韧性好的金属抗冲击的能力强；对于在工作中受到交变载荷的机械零件，比如轴、齿轮、轴承、弹簧等，经过较长时间的工作后，零件会产生裂纹或突然发生完全断裂的疲劳破坏。零件的结构形式、表面结构都能影响零件的疲劳强度。

（4）机械产品在规定的时间内要有必要的安全可靠性

机械运行时，由于相对运动构件间的摩擦，运动副（两构件接触而形成的可动连接）接触表面会产生磨损，消耗大量能量，当磨损量超过允许极限时就会导致失效，影响机械的安全可靠性。因此，为减少摩擦磨损，机械产品的运动副处须采用合理的润滑。

二、机械工程材料

工业领域所涉及的材料称为工程材料，主要有金属材料、非金属材料和复合材料等。机械的每一个零件都是由材料所制成的，工程材料贯穿于机械的始终。在工程机械中，金属材料的应用最为广泛。材料不同，制成的机械零件所表现出来的特性也不同。所以，制造机械零件时必须根据应用要求，选择具有相应特性的工程材料。常用金属材料的使用说明见表0-5。

表 0-5　常用金属材料的使用说明

材料	机械零部件	材料使用说明
铸铁		齿轮减速箱的箱体一般由灰铸铁制造而成。灰铸铁抗压强度高，耐磨性好，减振性好，对应力集中的敏感性小，价格便宜，目前应用最广
		汽车曲轴一般由球墨铸铁制造而成。球墨铸铁具有良好的力学性能和工艺性能，可以制造一些受力复杂，强度、硬度、韧性和耐磨性要求较高的零件，如曲轴、连杆等
钢		钢桥、螺母等一般由普通碳素结构钢制造而成。普通碳素结构钢中的杂质和非金属夹杂物较多，但其冶炼容易，工艺性好，价格便宜，产量大，在性能上能满足一般工程结构及普通零件的要求，因而应用普遍
		齿轮等综合力学性能要求较高的零件一般根据零件载荷和重要程度不同选择优质碳素结构钢、合金渗碳钢或合金调质钢

续表

材料	机械零部件	材料使用说明
钢		锤子、板牙等工具一般由碳素工具钢制造而成。碳素工具钢属于优质钢或高级优质钢，一般要求热处理后具有较高的硬度和较好的耐磨性
		板弹簧和盘形弹簧的材质一般为合金弹簧钢，其具有较高的强度和疲劳强度，以及足够的塑性和韧性
		麻花钻头的材质一般为合金工具钢，其具有淬硬性、淬透性、耐磨性和韧性均较好的特点
		滚动轴承内圈和外圈的材料一般为滚动轴承钢，其具有较高的硬度、耐磨性、弹性极限和接触疲劳强度，以及足够的韧性和一定的耐蚀性
		防盗窗目前常用不锈钢制作。不锈钢主要指在空气、水、盐水溶液、酸等腐蚀性介质中具有高度化学稳定性的钢
硬质合金		机械加工用的刀片常用硬质合金制作。硬质合金是将一种或多种难熔金属碳化物和金属黏结剂，通过粉末冶金工艺制成的一类合金材料，具有硬度高、热硬性好、耐磨性高、抗压强度高等优点

续表

材料	机械零部件	材料使用说明
有色金属		阀门接头可选用铜合金。铜是一种具有良好导电性、传热性、抗磁性、耐腐蚀性和工艺性的有色金属，在电气、仪表、造船等领域广泛应用，由于纯铜强度低，工业上广泛采用加入合金元素后性能得到强化的铜合金
		汽车轮毂常用铝合金制作。铝是一种具有良好导电性、传热性及延展性的有色金属，铝中加入少量的铜、镁、锰等元素就形成坚硬的铝合金，铝合金具有强度高、美观、轻巧耐用的特点

除金属材料外，工程中也大量使用了非金属材料和复合材料。

非金属材料包括除金属材料外几乎所有的材料，如塑料、橡胶、陶瓷、木料、毛毡、皮革、棉丝等。以陶瓷材料为例，它具有高的熔点，在高温下有较好的化学稳定性。一般超耐热合金的使用温度界限为 950 ~ 1 100 ℃，而陶瓷材料的使用温度界限为 1 200 ~ 1 600 ℃。汽车火花塞采用的就是陶瓷材料，如图 0-7 所示。

图 0-7　汽车火花塞采用非金属材料（陶瓷）

复合材料是指由两种或两种以上不同性质的材料，通过不同的工艺方法人工合成的材料。它既可以保持组成材料各自原有的一些最佳特性，又可以具有组合后的新特性，如粉末冶金材料、导电性塑料、光导纤维等。

三、课程概述

1. 课程性质

本课程是电工类专业的专业基础课，为学习专业课和培养专业岗位能力服务。

2. 课程内容

课程内容包括机械传动、常用机构、轴系零部件、液压传动与气压传动、机械加工基础等方面的基础知识。

3. 课程任务

使学生掌握必备的机械基础知识，懂得机械的工作原理，了解液压传动与气压传动的知识和应用，以及机械加工基础知识；培养学生分析问题和解决问题的能力，形成良好的学习习惯；使学生养成爱岗敬业的工作作风和良好的职业道德。

第一章
带传动和链传动

　　带传动和链传动是重要的机械传动形式，随着工业技术水平的不断提高，其在汽车、家用机械、办公机械以及各种机械装备中得到了越来越广泛的应用。想一想，你见过哪些带传动和链传动的应用？

　　缝纫机、夯实机、自行车的传动原理你都了解吗？

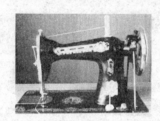

缝纫机

夯实机

自行车

本章主要内容

1. 带传动的基本原理、特点和分类。
2. V 带的结构、标记和 V 带轮的典型结构。
3. 带传动的张紧、安装和维护。
4. 链传动的概念和滚子链的结构、主要参数、标记及安装维护。

带传动和链传动都是具有中间挠性件的传动方式，在机械传动中应用较为普遍，特别是带传动中的 V 带传动，应用极为广泛。

§1-1　带传动的基本原理和特点

带传动是利用带作为中间挠性件来传递运动和动力的一种传动方式。

按传动原理不同，带传动分为摩擦型带传动（如图 1-1a 所示的平带传动、V 带传动等）和啮合型带传动（如图 1-1b 所示的同步齿形带传动）两类。

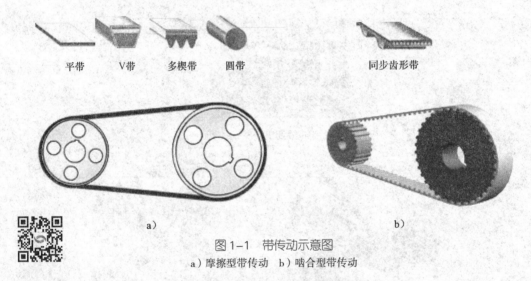

平带　　V带　　多楔带　　圆带　　　　　　同步齿形带

a)　　　　　　　　　　　　　　　　b)

图 1-1　带传动示意图
a）摩擦型带传动　b）啮合型带传动

目前，机械设备中应用的带传动以摩擦型带传动居多。

一、带传动的基本原理

如图 1-2 所示为带传动示意图，传动带套在主动带轮和从动带轮上，并对带施加一定的张紧力。主动带轮转动时，依靠带和带轮之间的摩擦力（或啮合力）来驱动从动带轮转动。

带传动的基本原理是依靠带和带轮之间的摩擦力（或啮合力）来传递运动和动力。

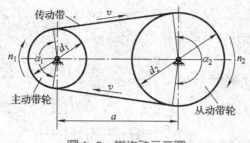

图1-2 带传动示意图

说明

在带传动中，带与带轮接触弧长所对应的圆心角称为包角，用 α 表示，如图1-2中的 α_1、α_2，包角是带传动的重要参数。工程应用中，小带轮的包角一般不得小于120°。

在带传动中，进入主动带轮一侧的带为紧边（图1-2中的下边），另一侧的带为松边（图1-2中的上边），即进入从动带轮一侧的带为松边。

二、带传动的特点

1. 摩擦型带传动的特点

由于带富有弹性，并靠摩擦力进行传动，所以摩擦型带传动具有如下特点：

（1）优点

结构简单，传动平稳、噪声小，能缓冲、吸振，过载时带会在带轮上打滑，对其他零件起安全保护作用，适用于中心距较大的传动。

（2）缺点

不能保证准确的传动比，传动效率低（为0.90～0.94），带的使用寿命短，不宜在高温、易燃以及有油和水的场合使用。

2. 啮合型带传动的特点

传动比准确，传动平稳，传动精度高，结构较复杂。

三、带传动的传动比

在带传动中，主动带轮转速 n_1 与从动带轮转速 n_2 之比称为传动比，用符号 i_{12} 表示。如图1-2所示，假定带与带轮之间没有相对滑动，主动带轮和从动带轮的圆周速度应与带速 v 相等，则直径大者转速相对较低，即两带轮的转速比与其直径成反比。带传动的传动比表达式为

$$i_{12} = \frac{n_1}{n_2} = \frac{d_2}{d_1}$$

式中，n_1、n_2——主动带轮、从动带轮的转速，r/min；

d_1、d_2——主动带轮、从动带轮的直径，mm。

四、常用带传动形式

常用的带传动有三种形式，即平带传动、V带传动和同步带传动，见表1-1。

表1-1 常用带传动形式

形式	图示	说明
平带传动		平带的横截面为扁平矩形，工作时环形内表面与带轮外表面接触。平带传动的结构简单，挠曲性和扭转柔性好，因而可用于高速传动以及平行轴间的交叉传动或交错轴间的半交叉传动，如图1-3所示
V带传动		V带的横截面为等腰梯形，工作时带置于带轮槽之中，工作面是与轮槽相接触的两侧面，产生的摩擦力较大。在相同的条件下，V带的传动能力为平带的3倍
同步带传动		同步带是工作面上带有齿的环状体，工作时靠环形内表面上等距分布的横向齿与带轮上的相应齿槽啮合来传递运动。同步带传动的传动比准确，传动平稳，传动精度高，结构较复杂，常用于扫描仪、打印机等传动精度要求较高的场合

开口传动
两轴平行，回转方向相同

交叉传动
两轴平行，回转方向相反

半交叉传动
两轴交错，不能逆转

图1-3 平带传动应用

§1-2 V带传动

一、V带的结构、型号、基准长度和标记

1. V带的结构

V带是无接头环形带，其楔角（V带两侧面之间的夹角）为40°。如图1-4所示，

V带由包布、顶胶、抗拉体和底胶组成。其中，V带外层的包布由橡胶帆布制成，主要起耐磨和保护作用。顶胶和底胶均由橡胶制成，以适应带弯曲时的变形。抗拉体承受基本拉力，有帘布芯结构和绳芯结构两种。帘布芯结构应用比较普遍，而绳芯结构的柔韧性和抗弯曲疲劳性较好，但抗拉强度低，适用于载荷不大、带轮直径较小以及转速较高的场合。为了提高带的传动能力，近年来已普遍采用化学纤维绳芯结构的V带。

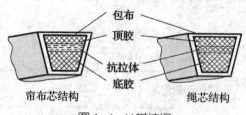

图1-4　V带结构

2. V带的型号

V带已标准化，国家标准将V带的型号规定为Y、Z、A、B、C、D、E七种，其横截面尺寸及承载能力依次增大。普通V带横截面尺寸见表1-2。

表1-2　普通V带横截面尺寸（摘自GB/T 11544—2012）

型号	Y	Z	A	B	C	D	E
顶宽 b/mm	6.0	10.0	13.0	17.0	22.0	32.0	38.0
节宽 b_p/mm	5.3	8.5	11.0	14.0	19.0	27.0	32.0
高度 h/mm	4.0	6.0	8.0	11.0	14.0	19.0	23.0
楔角 α/（°）	40						

说明

如图1-5所示，当V带垂直其底边弯曲时，在带中保持原长度不变的任一条周线称为V带的节线，由全部节线构成的面称为节面。节面的宽度称为节宽 b_p（见表1-2）。

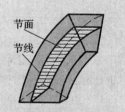

图1-5　V带的节线和节面

3. V带的基准长度 L_d

在规定的张紧力下，沿V带节面测得的周长称为基准长度，它是V带长度设计、计算和选用时的基本依据。V带的基准长度已标准化，应用时可查阅相关机械设计手册。

4. V带的标记

根据 GB/T 1171—2017 的规定，普通 V 带的标记由型号、基准长度和标准编号三部分组成，如"A1430 GB/T 1171"表示 A 型普通 V 带，基准长度为 1 430 mm。

二、V 带传动的主要参数

V 带传动的主要参数见表 1-3。

表 1-3　V 带传动的主要参数

名称	对传动的影响	一般取值范围
小带轮包角 α_1	小带轮包角越大，带与带轮间的接触弧就越长，带的传动能力就越大	$\alpha_1 \geqslant 120°$
传动比 i	传动比越大，两带轮直径差就越大。在中心距不变的情况下，两带轮直径差越大，小带轮上的包角就越小，使带传动能力下降	$i \leqslant 7$
带速 v	带速越大，带绕带轮做圆周运动时产生的离心力就越大，使带与带轮之间的正压力减小，摩擦力降低，削弱带的传动能力 传递功率一定时，带速太低，会使作用在带上的拉力过大，易引起带打滑	$v=5 \sim 25$ m/s
带轮基准直径 d_d	带轮基准直径大，传动装置的结构尺寸就大；带轮基准直径小，传动装置的结构就紧凑，但带绕过带轮时弯曲得就严重，影响带的使用寿命	与带型号相对应的带轮最小基准直径系列值见表 1-4
中心距 a	中心距越小，带的长度越短，在一定的带速下，相同时间内带绕过带轮的次数就越多，使带的使用寿命降低 中心距过大会使带过长，运动时带会发生剧烈的抖动	$0.7(d_{d1}+d_{d2}) \leqslant a \leqslant 2(d_{d1}+d_{d2})$ 式中，d_{d1}、d_{d2} 表示两带轮的基准直径
V 带的根数	根数多，传递的功率大，但根数过多会影响每根带受力的均匀性	不超过 10 根

表1-4　普通V带轮最小基准直径系列值（摘自 GB/T 13575.1—2008）

mm

V带型号	Y	Z	A	B	C	D	E
最小基准直径 d_{dmin}	20	50	75	125	200	355	500

说明

V带轮的基准直径 d_d 是指带轮上与所配用V带的节宽 b_p 相对应处的直径，如图1-6所示。

在选择V带轮基准直径时，通常是在结构尺寸允许的范围内，尽可能地将V带轮基准直径选得大些，以利于延长带的使用寿命。

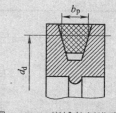

图1-6　V带轮的基准直径

三、V带轮的典型结构

V带轮的典型结构有实心式、腹板式、孔板式、轮辐式四种，如图1-7所示。一般来说，带轮基准直径较小时可采用实心式V带轮；带轮基准直径较大时可采用腹板式或孔板式V带轮；当带轮基准直径大于300 mm时，可采用轮辐式V带轮。

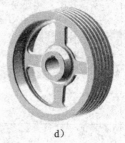

a)　　　　　　b)　　　　　　c)　　　　　　d)

图1-7　V带轮结构
a）实心式　b）腹板式　c）孔板式　d）轮辐式

知识拓展

V带的楔角都是40°，但在环绕带轮运转时，弯曲会使其楔角相应变小。为了保证带和带轮槽工作面能良好接触，带轮的轮槽角要比40°小，一般取34°～38°。

V带轮通常用灰铸铁制造，带速较高时可采用铸钢，功率较小的传动可采用铸造铝合金或工程塑料等。

四、V带传动的张紧装置

带传动工作时，为使带获得所需的张紧力，两带轮的中心距应能调整。带在传动中长期受拉力作用，必然会产生塑性变形而出现松弛现象，使其传动能力下降，因此一般带传动应有张紧装置。V带传动的张紧方法分为调整中心距和使用张紧轮两种，其各自又有定期张紧和自动张紧等不同形式，见表1-5。

表1-5　V带传动的张紧装置

形式	图示及说明	
	定期张紧	自动张紧
调整中心距	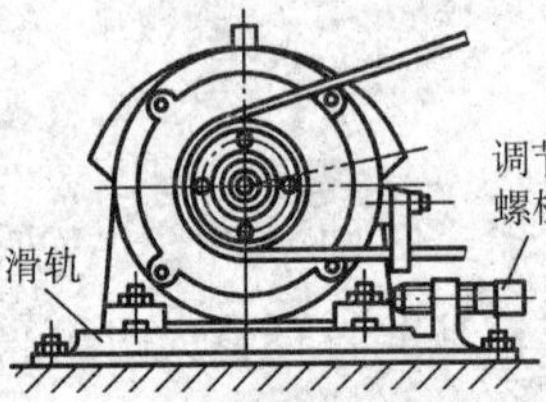 拧动调节螺栓，电动机可沿滑轨移动，使带张紧 适用于两带轮中心连线处于水平位置的传动 调节螺杆上的螺母，使摆架向所需的方向摆动，实现带的张紧 适用于两带轮中心连线处于铅垂或近似铅垂位置的传动	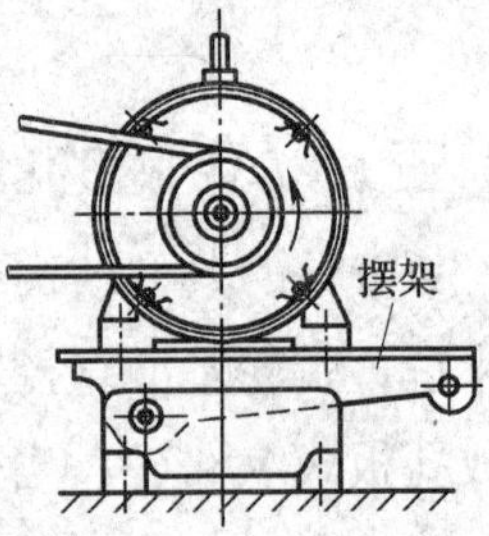 利用自重，使摆架始终保持绕销轴向下摆动的趋势而实现张紧 适用于功率较小及载荷平稳的传动
使用张紧轮	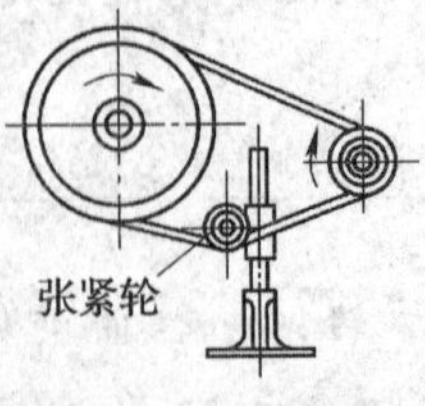 利用张紧轮进行张紧时，为了避免带双向弯曲，且不使小带轮包角减小过多，张紧轮应置于松边内侧尽量靠近大带轮的位置	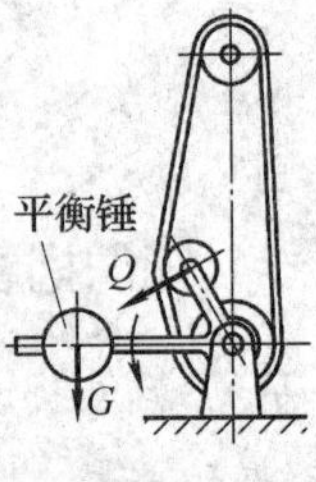 利用平衡锤实现张紧 适用于功率较小及载荷平稳的V带传动

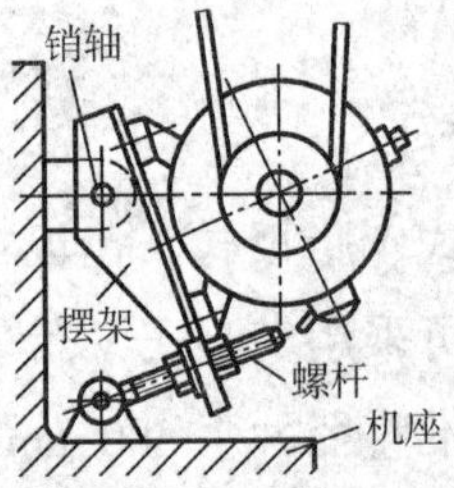

提示

当采用平带传动时，张紧轮应安放在平带松边的外侧，并要靠近小带轮，这样可以增大小带轮的包角，提高平带的传动能力。而采用 V 带传动时，张紧轮则应安放在 V 带松边的内侧，并要靠近大带轮。这是因为张紧轮放在带的外侧，带在传动中会双向弯曲而影响使用寿命；放在带的内侧时，传动时带只会单方向弯曲，但会引起小带轮上包角的减小，影响带的传动能力，因此，V 带传动中使用的张紧轮应尽量靠近大带轮处，这样可使小带轮上包角不致减小太多。

五、V 带传动的安装和维护

为提高 V 带传动的效率，延长 V 带的使用寿命和确保 V 带传动的正常运转，必须正确做好 V 带传动装置的安装、保养与维修工作。

（1）V 带必须正确地安装在轮槽之中，一般带的外边缘应与轮缘平齐或略高出一些，底面与槽底间应有一定间隙，如图 1-8a 所示。图 1-8b、c 都是不正确的安装方式，前者减小了 V 带侧面的工作面积，后者使 V 带几乎变成平带传动，两者都会严重降低 V 带的传动能力。

a)　　　　　　b)　　　　　　c)

图 1-8　V 带在轮槽中的位置
a) 正确　b)、c) 错误

（2）V 带传动中两带轮的轴线要保持平行，且两轮相对应的 V 形槽的对称平面应重合，如图 1-9a 所示。图 1-9b、c 为错误的安装方法，它们均会造成传动时带的受力和磨损不正常，破坏了带的正常工作条件。

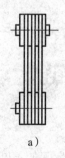 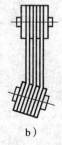

a)　　　　　　b)　　　　　　c)

图 1-9　带轮位置
a) 正确　b)、c) 错误

（3）安装V带时，应先调小两V带轮中心距，避免硬撬而损坏V带或设备。套好V带后，再将中心距调回到正确位置，V带的松紧要适度。实践经验表明在中等中心距（a=900 mm）情况下，V带安装后，用大拇指按在V带与两V带轮切点的中间处，能将V带按下15 mm左右，如图1-10所示，则张紧程度合适。

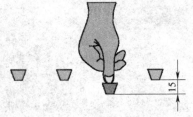

图1-10 V带的张紧程度

（4）V带要避免与油类接触，以防带变质而影响使用寿命。

（5）若发现一组V带中有个别V带损坏，一般要成组更换，新旧V带不能混用。

 知识拓展

窄V带传动

窄V带是在普通V带的基础上发展形成的一种新型胶带，其结构形式与普通V带很相似，性能则更为优良。

窄V带的楔角α为40°，相对高度（h/b）约为0.9。窄V带的横截面结构如图1-11所示。其顶面呈弧形，两侧面呈凹形。窄V带弯曲后侧面变直，与轮槽两侧面能更好地贴合，增大了摩擦力，提高了传动能力。因此，与普通V带相比，窄V带传动具有传动能力更大、效率更高、结构更紧凑、使用寿命更长等优点。目前，窄V带已广泛应用于高速、大功率且结构要求紧凑的机械传动中。

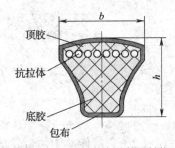

图1-11 窄V带的横截面结构

§1-3 链传动

链传动是以链条作为中间挠性传动件，通过链节与链轮齿间的不断啮合和脱开来传递运动和动力的，如图1-12所示。

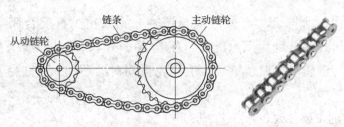

图 1-12 链传动示意图

一、链传动的特点和传动比

1. 链传动的特点

链传动属于啮合传动，与带传动相比，链传动具有准确的平均传动比，传动能力大，效率高，但工作时有冲击和噪声，因此，多用于传动平稳性要求不高、中心距较大的场合。

2. 链传动的传动比

在链传动中，主动链轮转速 n_1 与从动链轮转速 n_2 之比称为传动比，用符号 i_{12} 表示。

由于两链轮间的运动关系是一个齿对一个齿，所以链传动两轮的转速比与两轮的齿数成反比，即链传动的传动比为

$$i_{12} = \frac{n_1}{n_2} = \frac{z_2}{z_1}$$

式中，n_1、n_2——主动链轮、从动链轮的转速，r/min；

z_1、z_2——主动链轮、从动链轮的齿数。

传动链的种类繁多，最常用的是滚子链和齿形链。

二、滚子链

1. 滚子链的结构

在机械传动中，常用的传动链是滚子链（也称套筒滚子链）。如图 1-13 所示，滚子链由内链板、外链板、销轴、套筒和滚子组成。

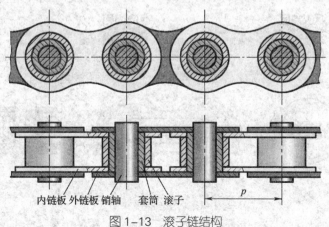

内链板 外链板 销轴　套筒 滚子　　p

图 1-13 滚子链结构

滚子链的内链板与套筒、外链板与销轴分别采用过盈配合固定，销轴与套筒、滚子与套筒之间分别为间隙配合。各链节可以自由屈伸，滚子与套筒能相对转动。滚子链与链轮啮合时，滚子与链轮轮齿相对滚动，从而减少了链轮齿的磨损。

2. 滚子链的主要参数

（1）节距

链条的相邻两销轴中心线之间的距离称为节距，以符号 p 表示（见图1-13）。节距是链的主要参数，链的节距越大，承载能力越强，但链传动的结构尺寸也会相应增大，传动的振动、冲击和噪声也越严重。因此，应用时应尽可能选用小节距的链，高速、大功率时，可选用小节距的双排链或多排链，如图1-14所示。

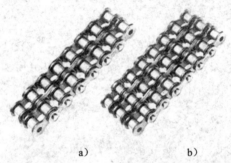

a) b)

图1-14 双排链和三排链

a）双排链 b）三排链

（2）节数

滚子链的长度用节数来表示。为了使链条的两端便于连接，链节数应尽量选取偶数，链接头处可用开口销（见图1-15a）或弹簧夹（见图1-15b）锁定。当链节数为奇数时，链接头需采用过渡链节（见图1-15c）。过渡链节不仅制造复杂，而且承载能力低，因此尽量不要采用。

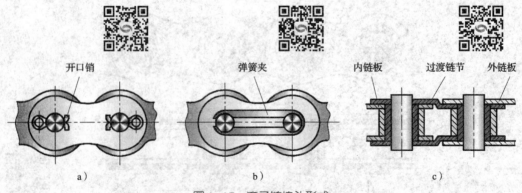

开口销   弹簧夹   内链板   过渡链节   外链板

a)   b)   c)

图1-15 滚子链接头形式

a）开口销接头 b）弹簧夹接头 c）过渡链节接头

3. 滚子链的标记

滚子链是标准件，根据 GB/T 1243—2006 的规定，其标记形式为

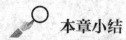

标记示例：

08A—1 表示链号为 08A（节距为 12.70 mm）的单排滚子链。

三、链传动的安装和维护

（1）为保证链传动的正常工作，安装时两链轮的轴线应相互平行，且两链轮的对称面位于同一铅垂面内。

（2）为了提高链传动的质量和使用寿命，应注意进行润滑。

（3）链传动可不施加预紧力，必要时可采用张紧装置。

（4）为了安全和防尘，链传动应加装防护罩。

本章小结

1. 本章重点是带传动的原理、特点以及 V 带传动的主要参数和安装维护方法。

2. 带传动分为摩擦型带传动和啮合型带传动两类。摩擦型带传动，特别是 V 带传动应用较为普遍。

3. 带轮包角是影响带传动能力的重要参数，通常要求 V 带传动的小带轮包角 $\alpha_1 \geqslant 120°$。

4. 对于 V 带的安装和维护，应注意在安装带时不能硬撬，并且避免带与油类接触，以及带损坏时要成组更换。

5. 链传动属于啮合传动，具有准确的平均传动比。链节数应尽量选取偶数，以便于接头。使用链传动时要加装防护罩并注意进行润滑。

第二章
螺纹连接和螺旋传动

螺纹在实际生活和生产中有着各种各样的用途，观看下面的实例，想一想，螺纹连接的用途有哪些？日常用到的红酒开瓶器是如何打开红酒瓶塞的？台虎钳又是通过什么使台虎钳的活动钳口垂直移动的？

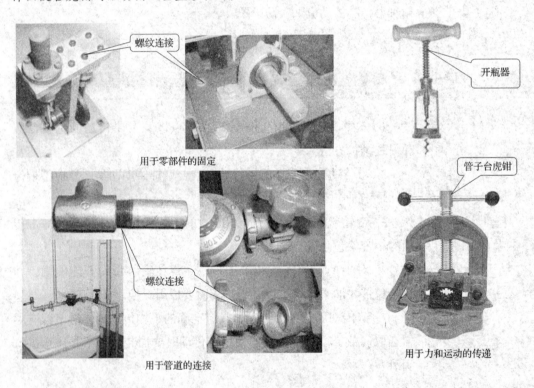

螺纹连接

用于零部件的固定

开瓶器

螺纹连接

用于管道的连接

管子台虎钳

用于力和运动的传递

本章主要内容

1. 螺纹的概念和主要参数，常用螺纹的种类、特点、应用和标记，螺纹连接的形式以及常用的防松方法。

2. 螺旋传动的种类及各种传动形式。

3. 普通螺旋传动的工作原理及移动距离的计算和方向的判定。

§2-1 螺纹连接

一般机器都离不开螺栓、螺母等螺纹紧固件，它们依靠螺纹将各种零部件按一定的要求连接起来，这种依靠螺纹起作用的连接称为螺纹连接。螺纹紧固件多为标准的通用零件，在机械工业中的应用非常广泛。

一、螺纹的概念及其主要参数

1. 螺纹的概念

螺纹是指在圆柱表面或圆锥表面上，沿着螺旋线形成的、具有相同断面的连续凸起和沟槽，如图 2-1 所示。在圆柱或圆锥外表面上所形成的螺纹称为外螺纹，而在圆柱或圆锥内表面上所形成的螺纹称为内螺纹。

如图 2-2 所示，按螺旋线旋绕方向的不同，螺纹分为顺时针旋入的右旋螺纹和逆时针旋入的左旋螺纹，其中右旋螺纹较为常用。螺纹旋向直观的判别方法是将螺纹轴线竖直放置，其可见侧螺纹牙由左向右上升时为右旋，反之为左旋。

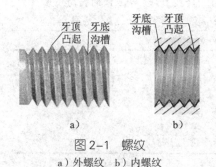

图 2-1 螺纹
a）外螺纹 b）内螺纹

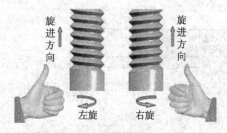

图 2-2 螺纹旋向的判别

形成螺纹的螺旋线的数目称为线数，以 n 表示。螺纹分为单线螺纹（只有一个起始点的螺纹）和多线螺纹（具有两个或两个以上起始点的螺纹），如图 2-3 所示。

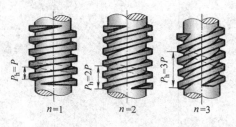

图 2-3 螺纹线数

2. 普通螺纹的主要参数

普通螺纹的主要参数有大径、小径、中径、螺距、导程、牙型角等，具体见表2-1。

表2-1　普通螺纹的主要参数

图示
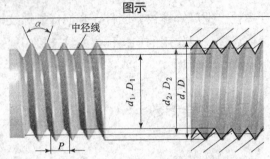

直径代号中，小写字母代表外螺纹直径，大写字母代表内螺纹直径

名称	代号	定义及说明
大径	d，D	与外螺纹的牙顶或内螺纹的牙底相切的假想圆柱直径（普通螺纹的公称直径指螺纹大径）
小径	d_1，D_1	与外螺纹的牙底或内螺纹的牙顶相切的假想圆柱直径
中径	d_2，D_2	母线通过螺纹牙型上牙厚和牙槽宽度相等处的假想圆柱的直径（该圆柱称为螺纹的中径圆柱，其母线称为中径线）
螺距	P	相邻两牙对应牙侧与中径线相交对应两点间的轴向距离
导程	P_h	同一条螺旋线上的相邻两牙在中径线上对应两点间的轴向距离（单线螺纹的导程 $P_h=P$，而多线螺纹的导程 $P_h=nP$，见图2-3）
牙型角	α	在螺纹牙型上相邻两牙侧面的夹角

二、常用螺纹的种类、特点和应用

常用螺纹的种类、特点和应用见表2-2。

表2-2　常用螺纹的种类、特点和应用

螺纹类型		特征代号	牙型图	特点和应用
普通螺纹	粗牙普通螺纹	M	60°	牙型的原始三角形为等边三角形，牙型角 $\alpha=60°$，是同一公称直径中螺距最大的螺纹，也是最常用的连接螺纹
	细牙普通螺纹			牙型与粗牙普通螺纹相同，但螺距小，自锁性能好，而牙细不耐磨，容易滑扣常用于细小零件、薄壁管件的连接，也可作为微调机构的调整螺纹

螺纹类型		特征代号	牙型图	特点和应用
管螺纹	55°密封管螺纹	与圆柱内螺纹配合的圆锥外螺纹	R_1		牙型为等腰三角形，牙型角$\alpha=55°$。外螺纹为圆锥螺纹，内螺纹有圆锥内螺纹和圆柱内螺纹两种 螺纹副（内、外螺纹相互旋合形成的运动副）本身具有密封性能，应用时允许在螺纹副内加入密封填料以提高密封的可靠性，多用于水、气、润滑和电气等系统中密封要求较高的管路连接
		与圆锥内螺纹配合的圆锥外螺纹	R_2		
		圆锥内螺纹	Rc		
		圆柱内螺纹	Rp		
	55°非密封管螺纹		G		牙型与55°密封管螺纹相似，但内、外螺纹均为圆柱螺纹 螺纹副本身密封能力较差，通常在螺纹副之外，采用在端面间添加密封垫圈的方法来保证连接的密封性，多用于水、气、润滑和电气等系统中的管路连接

三、普通螺纹和管螺纹的标记

1. 普通螺纹标记

普通螺纹的完整标记由特征代号、尺寸代号、公差带代号及其他有必要做进一步说明的信息（如旋合长度代号、旋向等）组成。各部分之间用"—"分开，普通螺纹的完整标记格式为

$$\boxed{特征代号}\boxed{尺寸代号}-\boxed{公差带代号}-\boxed{旋合长度代号}-\boxed{旋向}$$

其中，单线螺纹的尺寸代号为"公称直径×螺距"。因为一个公称直径所对应的粗牙螺纹只有一个，而一个公称直径所对应的细牙螺纹有可能不止一个，所以国家标准规定：粗牙普通螺纹不标螺距，细牙普通螺纹必须标出螺距。例如："M8"表示公称直径为 8 mm、螺距为 1.25 mm（GB/T 193—2003）的单线粗牙螺纹。"M8×1"表示公称直径为 8 mm、螺距为 1 mm 的单线细牙螺纹。多线螺纹的尺寸代号为"公称直径 ×Ph 导程 P 螺距"。例如："M16×Ph3P1.5"表示公称直径为 16 mm、螺距为 1.5 mm、导程为 3 mm 的双线螺纹。

提示

> 普通螺纹的旋合长度有短旋合长度（S）、长旋合长度（L）和中等旋合长度（N）三种。短旋合长度和长旋合长度在公差带代号后分别标注"S"和"L"，并与公差带间用"—"分开。中等旋合长度"N"不标注。
>
> 连接螺纹多为右旋，因此右旋螺纹的旋向省略不标注；而左旋螺纹需加注 LH，并用"—"隔开。

标记示例：

M24：公称直径为 24 mm 的粗牙普通螺纹（单线、右旋）。

M24×1.5：公称直径为 24 mm、螺距为 1.5 mm 的细牙普通螺纹（单线、右旋）。

M24×1.5—LH：公称直径为 24 mm、螺距为 1.5 mm 的左旋细牙普通螺纹（单线）。

2. 管螺纹标记

（1）55°密封管螺纹标记

55°密封管螺纹的标记形式为

特征代号	尺寸代号	旋向

 提示

> 一般管螺纹为英制细牙螺纹，其标记中的尺寸代号并不是螺纹本身的直径尺寸，而是与外管螺纹所在管子的公称直径相对应的代号。
>
> 右旋 55°密封管螺纹较常用，不标注旋向；左旋 55°密封管螺纹则需在尺寸代号后加注 LH。

标记示例：

R_1 1½：尺寸代号为 1½ 的与圆柱内螺纹相配合的圆锥外螺纹。

Rc1 ½：尺寸代号为 1½ 的圆锥内螺纹。

Rp1 ½ LH：尺寸代号为 1½ 的左旋圆柱内螺纹。

（2）55°非密封管螺纹标记

55°非密封管螺纹的标记形式为

特征代号	尺寸代号	公差等级代号	—	旋向

 提示

> 55°非密封管螺纹的外螺纹的公差等级有 A、B 两级，A 级精度较高；内螺纹的公差等级只有一个，故无公差等级代号。
>
> 旋向的标注与 55°密封管螺纹的旋向标注类似，右旋管螺纹不标注旋向；左旋管螺纹在公差等级代号后加注 LH，并用"—"隔开。

标记示例：

G 1½：尺寸代号为 1½ 的圆柱内螺纹。

G 1½ A：尺寸代号为 1½ 的 A 级圆柱外螺纹。

G 1½ B—LH：尺寸代号为 1½ 的 B 级左旋圆柱外螺纹。

四、螺纹连接的基本形式

螺纹连接在生产实践中应用很广，常见的螺纹连接有螺栓连接、双头螺柱连接、螺钉连接和紧定螺钉连接四种类型，见表 2-3。

表 2-3　螺纹连接的基本形式

类型	图示	结构及特点	应用
螺栓连接	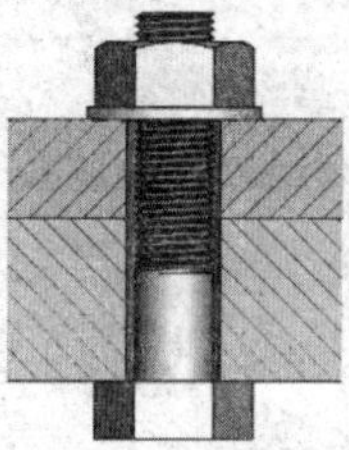	螺栓穿过两被连接件上的通孔并加螺母紧固，结构简单，装拆方便，成本低，应用广泛	用于两被连接件上均为通孔且有足够装配空间的场合
双头螺柱连接	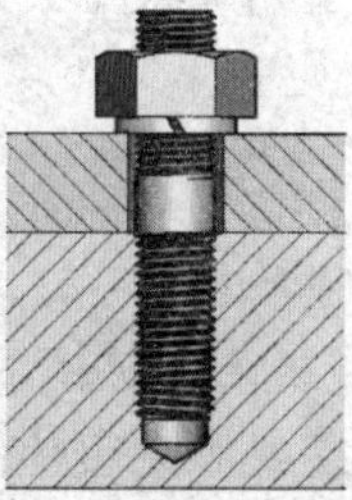	双头螺柱的两端均有螺纹，螺柱的旋入端靠螺纹配合的过盈或螺纹尾部的台阶而拧紧在被连接件之一的螺纹孔中，装上另一个被连接件后，加垫圈并用螺母紧固。拆卸时，只需拧下螺母，故被连接件上的螺纹不易损坏	用于受结构限制或被连接件之一为不通孔而需经常拆卸的场合
螺钉连接	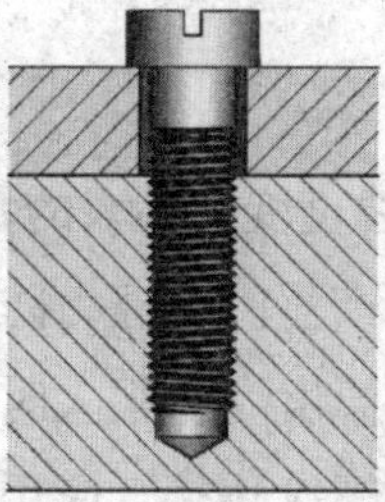	螺钉（也可以是螺栓）穿过一被连接件上的通孔而直接拧入另一被连接件的螺纹孔内并紧固。若经常拆卸，被连接件上的螺纹易损坏	用于被连接件之一较厚，不便加工通孔，且不必经常拆卸的场合

续表

类型	图示	结构及特点	应用
紧定螺钉连接		紧定螺钉拧入一被连接件上的螺纹孔并用其端部顶紧另一被连接件	用于固定两被连接件的相互位置，并可传递不大的力或转矩

五、螺纹连接零件

螺纹连接零件大多已标准化，常用的有螺栓、双头螺柱、螺钉、螺母、垫圈和防松零件等，如图 2-4 所示。

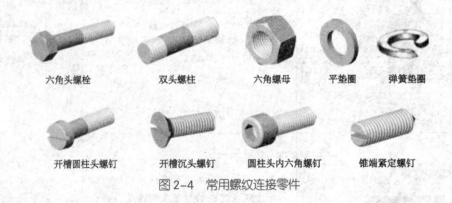

六角头螺栓　　双头螺柱　　六角螺母　　平垫圈　　弹簧垫圈

开槽圆柱头螺钉　开槽沉头螺钉　圆柱头内六角螺钉　锥端紧定螺钉

图 2-4　常用螺纹连接零件

提示

　　螺栓、螺母一般和垫圈配合使用。垫圈的主要作用是保护接触面，防止在拧紧螺母时擦伤接触面，并可扩大接触面积以减小表面的挤压力。有的垫圈还起螺纹连接的防松作用，例如弹簧垫圈。
　　垫圈的公称尺寸与相配螺栓的公称尺寸一致。

六、螺纹连接的防松

螺纹连接多采用单线普通螺纹，在承受静载荷和工作环境温度变化不大的情况下，靠内、外螺纹的螺旋面之间以及螺纹零件端面与支承面之间所产生的摩擦力防松，螺纹连接一般不会自动松脱；但当承受振动、冲击、交变载荷或温度变化很大时，连接就有可能松脱。为了保证连接安全可靠，尤其是重要场合下的螺纹连接，应用时必须考虑防松问题。

螺纹连接常用的防松方法有利用摩擦力防松、机械元件防松和破坏螺纹防松三种形式，具体见表2-4。

表2-4 螺纹连接常用的防松方法

形式	图示及说明		
利用摩擦力防松	双螺母防松	弹簧垫圈防松	双头螺柱防松
	两螺母对顶拧紧，给螺栓旋合段施加一个附加拉力而螺母承受附加压力，从而增大螺纹接触面的摩擦阻力矩	利用拧紧螺母时，弹簧垫圈被压平后产生的弹力使螺纹间保持一定的摩擦阻力矩	双头螺柱旋入端螺纹尾部过盈地挤入螺纹孔中形成局部横向张紧而产生摩擦力
机械元件防松	开槽螺母与开口销防松	止动垫圈防松	串联钢丝防松
	开口销穿过螺母槽插入螺栓上的径向销孔中，使螺母、螺栓不能相对转动	将止动垫圈的一舌折弯后插入被连接件上的预制孔中，另一舌待螺母拧紧后再折弯并贴紧在螺母的侧平面上以防松动	正确 错误 螺栓头部钻有小孔，使用时将钢丝穿入小孔并盘绕，以防止螺栓松脱。但要注意，钢丝盘绕的方向应是使螺栓旋紧的方向，图示用于右旋螺纹防松
破坏螺纹防松	焊接防松	铆接防松	黏结防松
	螺母拧紧后，将螺母和螺栓焊接在一起，防松可靠，但拆卸困难，且拆后螺纹零件不能再使用	螺母拧紧后，利用铆边破坏螺栓端部的螺纹牙型，防松可靠，但不易拆卸	涂黏结剂 在旋合螺纹间涂以黏结剂，使螺纹副旋紧后黏结在一起，防松可靠，且有密封作用

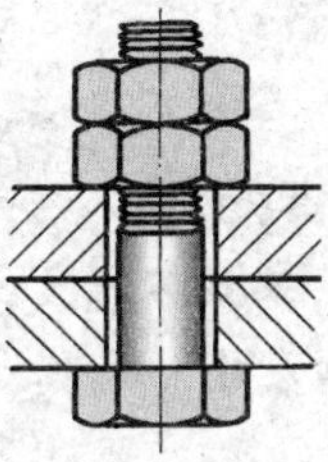

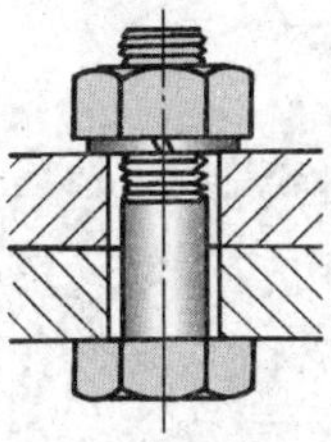

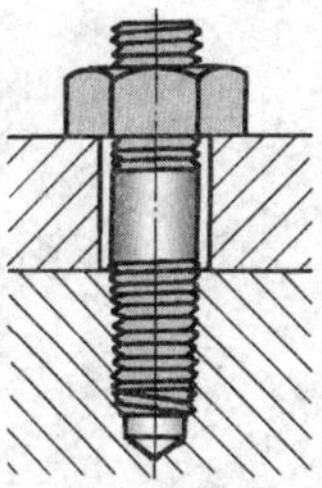

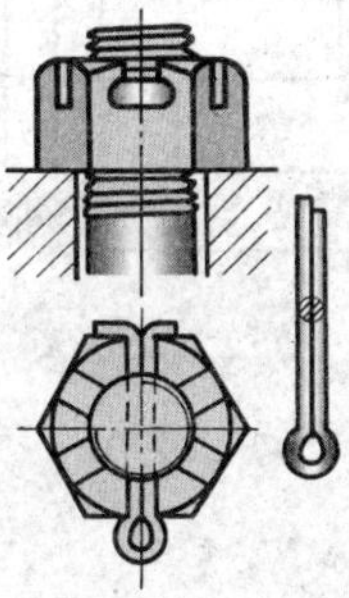

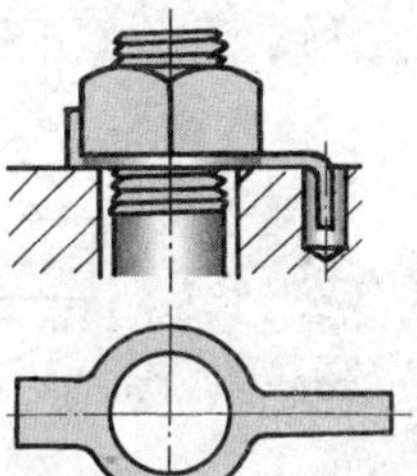

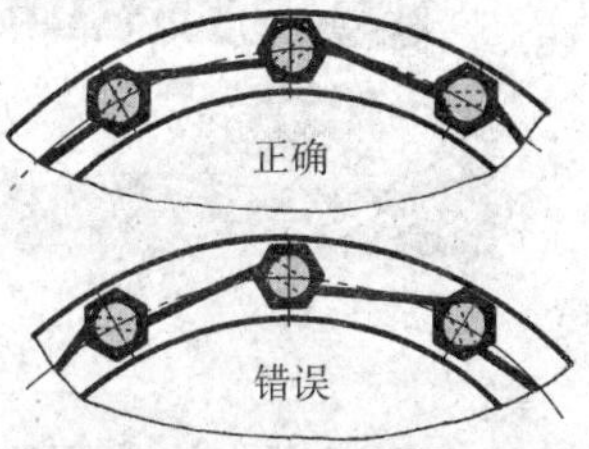

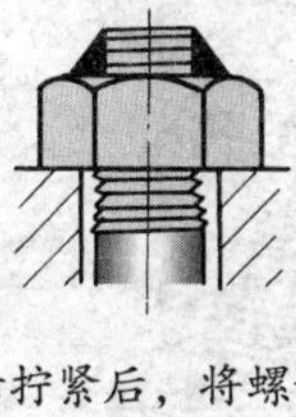

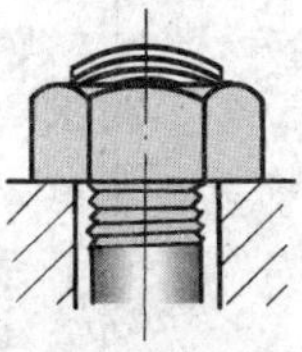

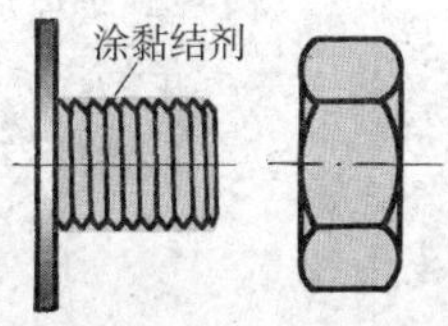

<h1 style="text-align:center">§2-2　螺旋传动</h1>

螺旋传动是利用螺旋副将回转运动转变为直线运动，同时传递动力的一种机械传动，一般由螺杆、螺母和机架组成。

> **说明**
>
> 　　螺旋副是指两构件只能沿轴线做相对螺旋运动的可动连接。如图2-5所示，在接触处两构件做一定关系的既转动又移动的复合运动。
> 　　转运副是指两构件之间只允许做相对转动的运动副。

一、普通螺旋传动

普通螺旋传动是由螺杆和螺母组成的简单螺旋副，如图2-5所示。

图2-5　螺旋传动

1. 普通螺旋传动的传动形式

普通螺旋传动的传动形式有四种，见表2-5。

表2-5　普通螺旋传动的传动形式

传动形式	应用举例	传动形式	应用举例
螺母不动，螺杆回转并做直线运动	固定座（螺母） 压紧盘 螺杆 手柄 桌虎钳底座夹紧装置 （螺杆与螺母为右旋螺纹）	螺杆不动，螺母回转并做直线运动	托盘 螺母 手柄 螺杆 螺旋千斤顶 （螺杆与螺母为右旋螺纹）

传动形式	应用举例	传动形式	应用举例
螺杆原位回转，螺母做直线运动	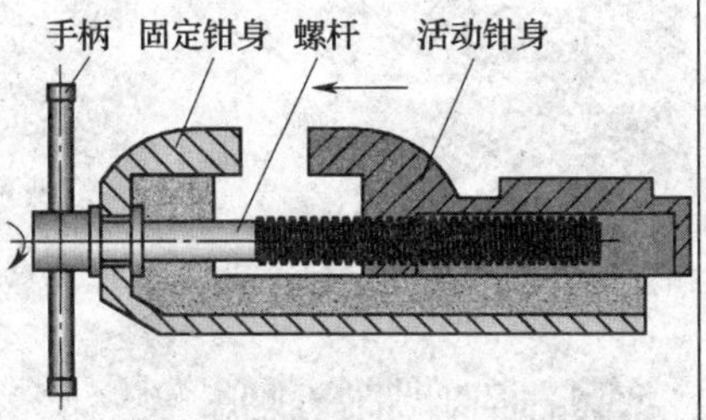 手柄 固定钳身 螺杆 活动钳身 桌虎钳夹紧工作机构（螺杆与螺母为右旋螺纹）	螺母原位回转，螺杆做直线运动	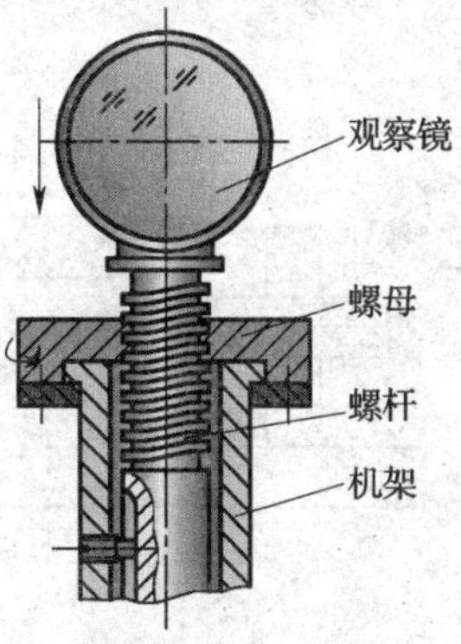 观察镜 螺母 螺杆 机架 观察镜螺旋调整装置（螺杆与螺母为右旋螺纹）

2. 移动方向的判定

在普通螺旋传动中，螺杆或螺母的移动方向可用左、右手法则判断。具体方法如下：

（1）左旋螺纹用左手判断，右旋螺纹用右手判断。

（2）弯曲四指，其指向与螺杆或螺母回转方向相同。

（3）大拇指与螺杆轴线方向一致。

（4）若为单动，大拇指的指向即为螺杆或螺母的运动方向；若为双动，与大拇指指向相反的方向即为螺杆或螺母的运动方向，见表2-5。

3. 移动的距离

在普通螺旋传动中，螺杆（或螺母）的移动距离与螺纹的导程有关。螺杆相对螺母每回转一周，螺杆（或螺母）移动一个导程的距离。因此，螺杆（或螺母）移动距离等于回转周数与螺纹导程的乘积，即

$$L=NP_h$$

式中，L——螺杆（或螺母）的移动距离，mm；

N——回转周数，r；

P_h——螺纹导程，mm。

二、差动螺旋传动

由两个螺旋副组成的使活动的螺母与螺杆产生差动（运动不一致）的螺旋传动称为差动螺旋传动，即将图2-5中的转动副也变为螺旋副，便可得到如图2-6所示的差

动螺旋传动。图中螺杆分别与机架及活动螺母组成两个螺旋副，机架上为固定螺母，活动螺母不能回转而只能沿机架的导向槽移动。

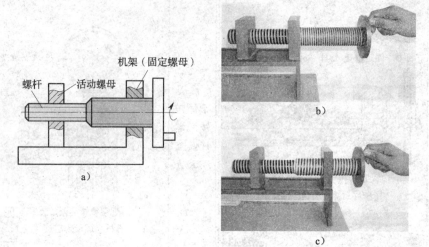

图 2-6　差动螺旋传动

知识拓展

差动螺旋传动的移动距离和方向的确定

差动螺旋传动的移动距离和方向的确定方法见表 2-6。

表 2-6　差动螺旋传动的移动距离和方向的确定方法

类别	传动形式	活动螺母移动距离的计算	活动螺母移动方向的确定	应用实例
旋向相同的差动螺旋传动	螺杆上两段螺纹（固定螺母与活动螺母）旋向相同	$L=N(P_{h1}-P_{h2})$ 式中，L——活动螺母移动距离，mm N——回转周数 P_{h1}——固定螺母导程，mm P_{h2}——活动螺母导程，mm	1. 当计算结果为正值时，活动螺母实际移动方向与螺杆移动方向相同 2. 当计算结果为负值时，活动螺母实际移动方向与螺杆移动方向相反 3. 螺杆移动方向的判定同普通螺旋传动	螺杆　镗杆　刀套　镗刀 A A $A—A$ 旋向相同的差动螺旋传动中，活动螺母可以产生极小的位移，因此可以方便地实现微量调节

续表

类别	传动形式	活动螺母移动距离的计算	活动螺母移动方向的确定	应用实例
旋向相反的差动螺旋传动	螺杆上两段螺纹（固定螺母与活动螺母）旋向相反	$L=N\left(P_{h1}+P_{h2}\right)$ 式中，L——活动螺母移动距离，mm N——回转周数 P_{h1}——固定螺母导程，mm P_{h2}——活动螺母导程，mm	1. 活动螺母实际移动方向与螺杆移动方向相同 2. 螺杆移动方向的判定同普通螺旋传动	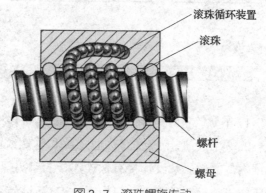 旋向相反的差动螺旋传动中，活动螺母可以产生很大的位移，因此，可以用于需快速移动或需调整两构件相对位置的装置中

普通螺旋传动和差动螺旋传动属于滑动摩擦螺旋传动，摩擦阻力大、传动效率低、磨损快、结构简单、加工方便、易自锁、运动平稳，低速或微调时可能出现爬行现象。

三、滚珠螺旋传动

普通螺旋传动螺旋副的摩擦是滑动摩擦，传动阻力大，摩擦损失严重，效率和传动精度低，不能满足精密传动的要求。因此，传动精度要求较高的机械中多采用滚珠螺旋（滚珠丝杠）传动。

如图2-7所示，滚珠螺旋传动主要由滚珠、螺杆、螺母及滚珠循环装置组成，其工作原理是在具有螺旋槽的螺杆与螺母之间，装有一定数量的滚珠（钢球），当螺杆与螺母相对转动时滚珠在螺纹滚道内滚动，并通过滚珠循环装置的通道构成封闭循环，从而实现螺杆、滚珠、螺母间的滚动摩擦。

图2-7　滚珠螺旋传动

　　滚珠螺旋传动按滚珠循环方式不同，可分为内循环式和外循环式两种，如图2-8所示。

　　滚珠螺旋传动具有摩擦阻力小、传动效率高、工作平稳、传动精度高、动作灵敏等优点。但其不能自锁，而且结构复杂、外形尺寸较大、制造技术要求高，因此成本较高。目前，滚珠螺旋传动主要应用于数控机床的进给机构，以及自动控制装置、升降机构和精密测量仪器等。

a) 　　　　　　　　　　　　　　b)

图2-8　滚珠螺旋传动的类型

a）内循环式　b）外循环式

 知识拓展

滚珠丝杠副的润滑与密封

　　滚珠丝杠副可通过润滑来提高耐磨性及传动效率。润滑剂分为润滑油及润滑脂两大类。润滑油采用全损耗系统用油，润滑脂可采用锂基油脂。润滑脂加在螺纹滚道和安装螺母的壳体空间内，而润滑油通过壳体上的油孔注入螺母空间内。

　　通常采用毛毡圈对滚珠丝杠副进行密封，毛毡圈的厚度为螺距的2～3倍，而且内孔做成螺纹的形状，使之紧密地包住丝杠，并装入螺母或套筒两端的槽孔内。密封圈除了采用柔软的毛毡之外，还可以采用耐油橡胶或尼龙材料。

 本章小结

　　1. 本章的重点是螺纹连接和螺旋传动的类型、特点和应用。

　　2. 常用的连接螺纹有普通螺纹和管螺纹两种类型，而且多为单线右旋螺纹。螺纹连接有螺栓连接、双头螺柱连接、螺钉连接和紧定螺钉连接四种类型，应用螺纹连接时要考虑防松问题，常用的防松方法有利用摩擦力防松、机械元件防松和破坏螺纹防松三种形式。

3. 螺旋传动能使回转运动转换为直线运动，常用的有普通螺旋传动、差动螺旋传动和滚珠螺旋传动。前两种属于滑动摩擦螺旋传动，摩擦阻力大、传动效率低、磨损快、结构简单、加工方便、易自锁、运动平稳，低速或微调时可能出现爬行现象；后一种属于滚动摩擦螺旋传动，摩擦阻力小、传动效率高、运转平稳，但结构复杂、制造困难、抗冲击性能差、不能自锁。

4. 差动螺旋传动是指活动螺母和螺杆产生差动（运动不一致）的螺旋传动。

第三章
齿轮传动

齿轮传动是机器中最常见的一种机械传动，例如人们常见的汽车、机械式钟表中都有齿轮传动。齿轮已成为许多机械设备中不可缺少的传动部件，也是机器中所占比重最大的传动形式。那么齿轮是怎样实现啮合传动的呢？

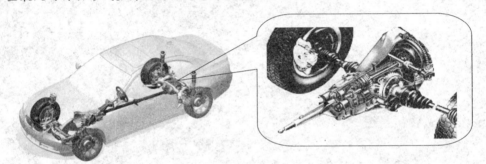

汽车驱动桥

机械式手表的齿轮传动

机械式手表

高射炮

本章主要内容

1. 齿轮传动的概念、特点和分类，以及渐开线齿廓。

2. 标准直齿圆柱齿轮传动的基本参数、几何尺寸计算、啮合条件和传动比。

3. 斜齿圆柱齿轮传动、直齿锥齿轮传动和蜗轮蜗杆传动的概念、特点以及啮合条件。

4. 齿轮的结构、材料、润滑和失效形式。

§3-1 齿轮传动概述

利用齿轮传递运动的传动方式称为齿轮传动，如图 3-1 所示。齿轮传动用于传递任意位置两轴间的运动和动力。

a)   b)   c)

图 3-1 齿轮传动

a）圆柱齿轮传动 b）锥齿轮传动 c）蜗轮蜗杆传动

一、齿轮传动的特点

（1）齿轮传动的功率和速度范围很大，功率从很小到数十万千瓦，圆周速度从很小到每秒几百米。齿轮尺寸有小于 1 mm 的，也有 10 m 以上的。

（2）齿轮传动属于啮合传动，齿轮齿廓为特定曲线，瞬时传动比恒定，且传动平稳，传递运动准确可靠。

（3）齿轮传动效率高，使用寿命长。

（4）齿轮种类繁多，可以满足各种传动形式的需要。

（5）齿轮的制造和安装精度要求较高。

二、齿轮传动的分类

根据齿轮传动中两传动轴的相对位置不同，常用齿轮传动可分为以下几种类型，见表3-1。

表3-1　齿轮传动的常用类型及其应用

分类方法		类型	图例	应用
两轴平行	按轮齿方向分	直齿圆柱齿轮传动		适用于圆周速度较低的传动，尤其适用于变速箱的换挡齿轮
		斜齿圆柱齿轮传动		适用于圆周速度较高、载荷较大且要求结构紧凑的场合
		人字齿圆柱齿轮传动		适用于载荷大且要求传动平稳的场合
	按啮合情况分	外啮合齿轮传动		适用于圆周速度较低的传动，尤其适用于变速箱的换挡齿轮
		内啮合齿轮传动		适用于结构要求紧凑且效率高的场合
		齿轮齿条传动		适用于将转动变换为往复移动或将往复移动变换为转动的场合

续表

分类方法	类型	图例	应用
两轴不平行 / 相交轴齿轮传动	直齿锥齿轮传动		适用于圆周速度较低、载荷小而稳定的场合
	弧齿锥齿轮传动		适用于承载能力大、传动平稳、噪声小的场合
交错轴齿轮传动	交错轴斜齿轮传动		适用于圆周速度较低、载荷小的场合
	蜗轮蜗杆传动		适用于传动比较大且要求结构紧凑的场合

三、渐开线齿廓

1. 齿轮传动对齿廓曲线的基本要求

一对啮合齿轮的传动，是靠主动轮齿廓上各点依次推动从动轮齿廓上各点来实现的。为了保证齿轮传动平稳可靠，必须要求每对啮合齿廓在任何一点啮合时，都能保持两齿轮的传动比不变，即能保证恒定的瞬时传动比。

2. 渐开线的形成

如图 3-2 所示，在平面上，一条动直线 AB 沿着某

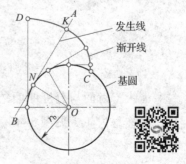

图 3-2　渐开线的形成

一固定的圆 O 做纯滚动时，此动直线 AB 上任一点 K 的运动轨迹 CD 称为该圆的渐开线。该圆称为基圆，其半径以 r_b 表示。直线 AB 称为渐开线的发生线。

提示

> 能满足瞬时传动比恒定要求的齿廓曲线有很多，目前我国应用的绝大多数齿轮都采用渐开线齿廓。

3. 渐开线齿廓的啮合特性

渐开线齿轮的可用齿廓就是由同一基圆的两段反向（对称）渐开线组成的。采用渐开线齿廓不但传动平稳，而且即使中心距稍有变动，也不会改变瞬时传动比，仍能保持平稳传动。这是渐开线齿廓的啮合特性。

§3-2　标准直齿圆柱齿轮传动

如图 3-3 所示为直齿圆柱齿轮减速器。直齿圆柱齿轮传动是齿轮传动的最基本形式，它在机械传动装置中的应用非常广泛。

a)　　　　　　　　　　　　　　　　b)

图 3-3　直齿圆柱齿轮减速器
a）一级直齿圆柱齿轮减速器　b）二级直齿圆柱齿轮减速器

齿线（齿面与分度曲面的交线）为分度圆柱直母线的圆柱齿轮称为直齿圆柱齿轮，简称直齿轮（见图 3-4）。它的齿分布在圆柱的圆周上，齿的走向与齿轮轴线平行。

图 3-4　直齿圆柱齿轮

一、直齿圆柱齿轮各部分名称和定义

直齿圆柱齿轮各部分名称和定义见表 3-2。

表 3-2　直齿圆柱齿轮各部分名称和定义

图示

端平面是指垂直于齿轮轴线的平面，直齿圆柱齿轮各参数均指端平面参数

名称	定义
分度圆（d）	分度圆柱面与端平面的交线
齿顶圆（d_a）	齿顶圆柱面与端平面的交线
齿根圆（d_f）	齿根圆柱面与端平面的交线
齿距（p）	两个相邻且同侧的端面齿廓之间的分度圆弧长
齿厚（s）	在端平面上，一个齿的两侧齿廓之间的分度圆弧长
齿槽宽（e）	在端平面上，一个齿槽的两侧齿廓之间的分度圆弧长
齿顶高（h_a）	齿顶圆与分度圆之间的径向距离
齿根高（h_f）	齿根圆与分度圆之间的径向距离
齿高（h）	齿顶圆与齿根圆之间的径向距离
齿宽（b）	齿轮的有齿部位沿分度圆柱面的直母线方向量取的宽度
中心距（a）	一对啮合齿轮两轴线之间的最短距离

📚 **提示**

分度圆是确定齿轮尺寸的一个重要的圆。标准直齿圆柱齿轮分度圆上的齿厚和齿槽宽相等，且为齿距的一半，即 $s=e=p/2$。

二、直齿圆柱齿轮的主要参数

1. 齿数 z

一个齿轮的轮齿总数称为齿数。

直齿圆柱齿轮的最少齿数 $z_{min} \geqslant 17$，一般情况下取 20 以上。

2. 压力角

在齿轮传动中，齿廓上某点所受正压力的方向（齿廓上该点的法向）与速度方向线之间所夹的锐角称为压力角。如图 3-5 所示，K 点的压力角为 α_K。

渐开线齿廓上各点的压力角是不相等的，K 点离基圆越远，压力角越大，基圆上的压力角为 0°。一般情况下所说的齿轮的压力角是指分度圆上的压力角，用 α 表示，其大小可用下式计算：

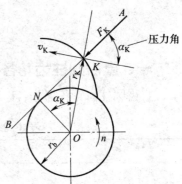

图 3-5 齿轮轮齿的压力角

$$\cos\alpha = \frac{r_b}{r}$$

式中，α——分度圆上的压力角，(°)；

r_b——基圆半径，mm；

r——分度圆半径，mm。

分度圆上压力角的大小对轮齿形状有较大影响，如图 3-6 所示。当分度圆半径 r 不变时，分度圆上的压力角减小，则轮齿的齿顶变宽，齿根变窄，承载能力降低；分度圆上的压力角增大，则轮齿的齿顶变窄，齿根变宽，承载能力增强，但传动费力。综合考虑传动性能和承载能力，国家标准规定标准渐开线圆柱齿轮分度圆上的压力角 $\alpha = 20°$。

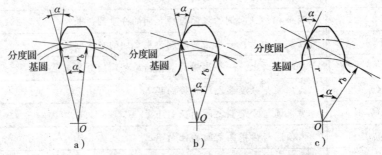

图 3-6 分度圆上压力角大小对轮齿形状的影响

a）$\alpha < 20°$　b）$\alpha = 20°$　c）$\alpha > 20°$

3. 模数 *m*

参见表 3–2 中的图，对于齿数为 *z* 的直齿圆柱齿轮，其分度圆的周长 $\pi d = zp$，因此有

$$d = \frac{p}{\pi} z$$

为了设计和制造上的方便，并使齿轮具有广泛的互换性，人为地把 $\frac{p}{\pi}$ 规定为标准值，将该值称为模数，即齿距 *p* 除以圆周率 π 所得的商称为模数，模数的单位为 mm。模数已标准化，标准模数系列值见表 3–3。

表 3–3　标准模数系列值（摘自 GB/T 1357—2008）　　mm

第Ⅰ系列	1	1.25	1.5	2	2.5	3	4	5	6
	8	10	12	16	20	25	32	40	50
第Ⅱ系列	1.125	1.375	1.75	2.25	2.75	3.5	4.5	5.5	（6.5）
	7	9	11	14	18	22	28	36	45

注：优先采用第Ⅰ系列的模数，应避免选用第Ⅱ系列中的模数 6.5 mm。

 提示

> 模数是齿轮几何尺寸计算中重要的基本参数，其大小直接影响齿轮各部分的几何尺寸和承载能力。模数越大，轮齿越大，齿轮的强度越高，承载能力越强。
>
> 通过对压力角和模数标准化，分度圆可定义为齿轮上具有标准模数和标准压力角的圆。

4. 齿顶高系数 h_a^*

轮齿的高度是以模数为基础来计算的。齿顶高与模数之比称为齿顶高系数，用 h_a^* 表示，即

$$h_a = h_a^* m$$

标准直齿圆柱齿轮的齿顶高系数 $h_a^* = 1$。

5. 顶隙系数 c^*

当一对齿轮啮合时，为使一个齿轮的齿顶面不致与另一个齿轮的齿槽底面相抵触，轮齿的齿根高 h_f 应大于齿顶高 h_a，于是在一个齿轮的齿顶与另一个齿轮的齿槽之间就有一定的径向间隙，称为顶隙 *c*。顶隙与模数之比称为顶隙系数，用 c^* 表示，即

$$c = c^* m$$

标准直齿圆柱齿轮的顶隙系数 $c^* = 0.25$。

三、标准直齿圆柱齿轮各部分几何尺寸计算

模数 *m*、压力角 α、齿顶高系数 h_a^*、顶隙系数 c^* 均采用国家标准规定值，且分度圆

上的齿厚与齿槽宽相等的渐开线直齿圆柱齿轮称为标准直齿圆柱齿轮，简称标准直齿轮。

标准直齿圆柱齿轮各部分尺寸的计算公式见表 3-4。

表 3-4 标准直齿圆柱齿轮各部分尺寸的计算公式

名称	代号	计算公式	名称	代号	计算公式
齿距	p	$p = \pi m$	分度圆直径	d	$d = mz$
齿厚	s	$s = p/2 = \pi m/2$	齿顶圆直径	d_a	$d_a = d + 2h_a = m(z+2)$
齿槽宽	e	$e = p/2 = \pi m/2$	齿根圆直径	d_f	$d_f = d - 2h_f = m(z-2.5)$
齿顶高	h_a	$h_a = h_a^* m = m$	齿宽	b	$b = (6 \sim 10)m$
齿根高	h_f	$h_f = (h_a^* + c^*)m = 1.25m$	中心距	a	$a = (d_1 + d_2)/2 = m(z_1 + z_2)/2$
齿高	h	$h = h_a + h_f = 2.25m$			

知识拓展

标准直齿圆柱齿轮有两种齿制：正常齿制 $h_a^* = 1$，$c^* = 0.25$；短齿制 $h_a^* = 0.8$，$c^* = 0.3$。一般不作特别说明时，均视为正常齿制齿轮。

四、标准直齿圆柱齿轮的啮合条件和传动比

一对标准直齿圆柱齿轮的正确啮合条件是要求它们的模数、压力角分别相等，即

$$\begin{cases} m_1 = m_2 \\ \alpha_1 = \alpha_2 \end{cases}$$

在一对齿轮传动中，主动轮转速 n_1 与从动轮转速 n_2 之比称为传动比，用符号 i_{12} 表示。由于相啮合齿轮的传动关系是一齿对一齿，在单位时间内，两齿轮转过的齿数相等，即 $z_1 n_1 = z_2 n_2$，因此两啮合齿轮的转速与其齿数成反比，传动比的表达式为

$$i_{12} = \frac{n_1}{n_2} = \frac{z_2}{z_1}$$

式中，z_1、z_2 分别为主动轮、从动轮的齿数。

【例 3-1】 相互啮合的一对标准直齿圆柱齿轮，齿数分别为 $z_1 = 20$、$z_2 = 32$，模数 $m = 10$ mm，试计算两齿轮的分度圆直径、齿顶圆直径、齿根圆直径和中心距。

解：

按表 3-4 中公式计算，有

$$d_1 = mz_1 = 10 \text{ mm} \times 20 = 200 \text{ mm}$$

$$d_2 = mz_2 = 10 \text{ mm} \times 32 = 320 \text{ mm}$$

$$d_{a1} = m(z_1 + 2) = 10 \text{ mm} \times (20 + 2) = 220 \text{ mm}$$

$$d_{a2}=m（z_2+2）=10 \text{ mm} \times（32+2）=340 \text{ mm}$$

$$d_{f1}=m（z_1-2.5）=10 \text{ mm} \times（20-2.5）=175 \text{ mm}$$

$$d_{f2}=m（z_2-2.5）=10 \text{ mm} \times（32-2.5）=295 \text{ mm}$$

$$a=\frac{m}{2}(z_1+z_2)=\frac{10 \text{ mm}}{2} \times（20+32）=260 \text{ mm}$$

【例 3-2】 已知一标准直齿圆柱齿轮，齿数 $z=30$，齿根圆直径 $d_f=192.5$ mm，试计算其分度圆直径 d 和齿顶圆直径 d_a。

解：

由题中给出的条件，可以利用 d_f 和 m 的关系求出 m。

由表 3-4 中公式 $d_f=m（z-2.5）$ 得

$$m=\frac{d_f}{z-2.5}=\frac{192.5 \text{ mm}}{30-2.5}=7 \text{ mm}$$

则

$$d=mz=7 \text{ mm} \times 30=210 \text{ mm}$$

$$d_a=m（z+2）=7 \text{ mm} \times（30+2）=224 \text{ mm}$$

§3-3　其他类型齿轮传动

常用的齿轮传动除直齿圆柱齿轮传动外，还有斜齿圆柱齿轮传动、直齿锥齿轮传动和蜗轮蜗杆传动。

一、斜齿圆柱齿轮传动

齿线为螺旋线的圆柱齿轮称为斜齿圆柱齿轮，简称斜齿轮，如图 3-7 所示。斜齿圆柱齿轮传动的相关参数、特点及啮合条件见表 3-5。

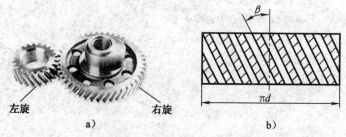

左旋　　　　右旋

a)　　　　　　　　b)

图 3-7　斜齿圆柱齿轮

a）斜齿圆柱齿轮传动示意图　b）分度圆柱面展开图

提示

在斜齿圆柱齿轮上，垂直于轮齿齿线的平面称为法平面。

由于斜齿圆柱齿轮的齿线是螺旋线，所以在法平面与端平面的齿形不重合。标准规定，斜齿圆柱齿轮的法平面参数（法向压力角 α_n、法向模数 m_n、法向齿顶高系数 h_{an}^* 和法向顶隙系数 c_n^*）为标准值。

表 3-5　斜齿圆柱齿轮传动的相关参数、特点及啮合条件

项目	定义或内容	说明
螺旋角	在斜齿圆柱齿轮分度圆柱面上，螺旋线的切线与通过切点的圆柱面直母线之间所夹的锐角称为螺旋角，用 β 表示	图 3-7b 为斜齿圆柱齿轮分度圆柱面的展开图，其中齿线与轴线之间所夹锐角即螺旋角 β
旋向	按螺旋角方向的不同，斜齿圆柱齿轮分为左旋和右旋两种	判别旋向时（见图 3-7a），将斜齿圆柱齿轮的轴线竖直放置，可见侧轮齿方向由左向右上升时为右旋，反之为左旋
传动特点	与直齿圆柱齿轮传动相比较，其传动平稳，承载能力强，在高速重载下更明显，但传动时有轴向力	与直齿轮不同，斜齿圆柱齿轮的轮齿是盘绕在圆柱面上的螺旋齿。一对斜齿圆柱齿轮啮合传动时，它们的轮齿齿面是逐渐接触而又逐步脱离的，因此传动相对平稳
正确啮合条件	对于外啮合标准斜齿圆柱齿轮传动：两齿轮的法向模数和法向压力角分别相等，并且两齿轮螺旋角的大小相等且旋向相反	表达式为 $\begin{cases} m_{n1} = m_{n2} \\ \alpha_{n1} = \alpha_{n2} \\ \beta_1 = -\beta_2 \end{cases}$

 知识拓展

如图 3-8 所示，在斜齿圆柱齿轮传动中，作用在螺旋齿面上的法向正压力 F_n 可分解为切向力 F_t、径向力 F_r 和轴向力 F_a 三个分力。而轴向力 F_a 的大小与螺旋角 β 有关，螺旋角越大，轴向力 F_a 也越大，这对传动和支承都不利。为了限制轴向分力，一般取螺旋角 $\beta=8° \sim 15°$。

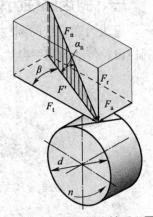

图 3-8　斜齿圆柱齿轮受力图

二、直齿锥齿轮传动

分度曲面为圆锥面的齿轮称为锥齿轮，它是轮齿分布在圆锥面上的齿轮，当其齿线是分度圆锥面的直母线时称为直齿锥齿轮，如图 3-9 所示。

锥齿轮传动用于空间两相交轴之间的传动，一般多用于两轴垂直相交成 90°的场合。

图 3-9 直齿锥齿轮传动

 提示

> 锥齿轮的轮齿是从大端到小端逐渐收缩的，其大端参数为标准值。

直齿锥齿轮的正确啮合条件是两齿轮大端的模数和压力角分别相等，即

$$\begin{cases} m_1 = m_2 \\ \alpha_1 = \alpha_2 \end{cases}$$

三、蜗轮蜗杆传动

由蜗杆及其配对蜗轮组成的交错轴间的传动称为蜗轮蜗杆传动。蜗轮蜗杆传动是用来传递空间交错轴之间的运动和动力的，通常两轴空间垂直交错成 90°。如图 3-10 所示，蜗杆外形像螺杆，它相当于一个齿数很少、分度圆直径较小的螺旋齿圆柱齿轮，而蜗轮类似于斜齿圆柱齿轮。蜗轮蜗杆传动一般以蜗杆为主动件，蜗轮为从动件。

图 3-11 所示为蜗轮蜗杆传动应用实例。其中，图 3-11a

图 3-10 蜗轮蜗杆传动

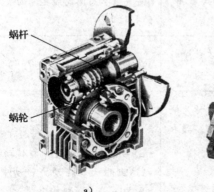

a) b)

图 3-11 蜗轮蜗杆传动应用实例
a）单级蜗轮蜗杆传动减速器 b）万能倾斜分度盘

所示为单级蜗轮蜗杆传动减速器，它结构紧凑，传动比大，常应用于减速传动装置。图 3-11b 所示为万能倾斜分度盘，分度盘与蜗轮轴相连，手柄与蜗杆轴相连，通过蜗轮蜗杆传动实现精确分度。

蜗轮蜗杆传动中，通过蜗杆轴线且垂直于蜗轮轴线的平面称为中平面，如图 3-12 所示。

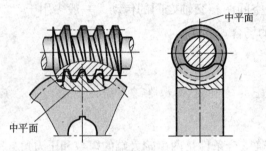

图 3-12　蜗轮蜗杆传动的中平面

在蜗轮蜗杆传动的中平面上的参数取标准值。

 知识拓展

常用的蜗杆是阿基米德蜗杆，其轴向齿廓为直线。在蜗轮蜗杆传动的中平面（见图 3-12）内，蜗杆和蜗轮的啮合相当于圆柱齿轮和齿条的啮合。

蜗轮蜗杆传动的相关参数、特点及啮合条件见表 3-6。

表 3-6　蜗轮蜗杆传动的相关参数、特点及啮合条件

项目	定义或内容	说明
蜗杆导程角	蜗杆的分度圆柱螺旋线的切线与垂直于螺纹轴线的平面所夹的锐角称为导程角，用 γ 表示	在图 3-13 中，展开的分度圆柱螺旋线（斜直线）与圆周线之间的夹角 γ 即蜗杆的导程角
蜗杆旋向	按螺旋方向的不同，蜗杆分为左旋蜗杆和右旋蜗杆	旋向判定方法见表 3-7
传动比	蜗杆转速 n_1 与蜗轮转速 n_2 之比称为蜗轮蜗杆传动的传动比，以 i_{12} 表示，其表达式为 $$i_{12}=\frac{n_1}{n_2}=\frac{z_2}{z_1}$$ 式中，z_1——蜗杆头数　z_2——蜗轮齿数	由于蜗杆的头数（齿数）很少，通常 $z_1=1\sim4$，所以蜗轮蜗杆传动的传动比可以达到很大。在动力传动中，一般 $i_{12}=8\sim80$，在分度机构中 i_{12} 可达 1 000

续表

项目	定义或内容	说明
传动特点	单级传动就能获得较大的传动比，并且结构紧凑、传动平稳、噪声小，但传动时蜗杆轴向力较大，齿面间的摩擦力大，传动效率较低，发热量大	蜗杆的轮齿是连续不断的螺旋齿，传动时与蜗轮逐渐进入啮合和脱离啮合，且同时啮合的齿数较多，故传动平稳性好
正确啮合条件	蜗杆轴向模数 m_{x1} 和蜗轮端面模数 m_{t2} 相等，蜗杆轴向压力角 α_{x1} 和蜗轮端面压力角 α_{t2} 相等，蜗杆导程角 γ_1 和蜗轮螺旋角 β_2 相等且旋向相同	表达式为 $$\begin{cases} m_{x1} = m_{t2} \\ \alpha_{x1} = \alpha_{t2} \\ \gamma_1 = \beta_2 \end{cases}$$

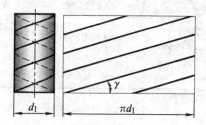

图 3-13 蜗杆分度圆柱面展开图（右旋）

蜗轮蜗杆传动中，蜗杆和蜗轮的旋向是一致的，蜗轮的回转方向与两者间的相对位置以及蜗杆的旋向和回转方向有关，蜗轮回转方向的判定见表 3-7。

表 3-7 蜗轮回转方向的判定

要求	图例	判定方法
判断蜗杆或蜗轮的旋向	右旋蜗杆 左旋蜗杆 右旋蜗轮　　左旋蜗轮	右手法则： 　　手心对着自己，四个手指顺着蜗杆或蜗轮轴线方向摆正，若齿向与右手拇指指向一致，则该蜗杆或蜗轮为右旋，反之则为左旋

续表

要求	图例	判定方法
判断蜗轮的回转方向	右旋蜗杆用右手 左旋蜗杆用左手	左、右手法则： 　左旋蜗杆用左手，右旋蜗杆用右手，用四指弯曲表示蜗杆的回转方向，拇指所指方向的反方向就是蜗轮啮合点的圆周速度方向。根据啮合点的圆周速度方向即可确定蜗轮的回转方向

§3-4　齿轮的结构、材料、润滑与失效

一、齿轮的结构

齿轮的常用结构形式有齿轮轴（见图 3-14）、实体式齿轮（见图 3-15）、腹板式齿轮（见图 3-16）、轮辐式齿轮（见图 3-17）等。

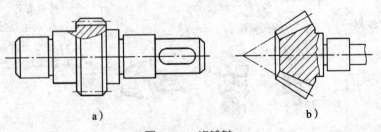

a)　　　　　　　　　　　　　　　　b)

图 3-14　齿轮轴
a）圆柱齿轮　b）锥齿轮

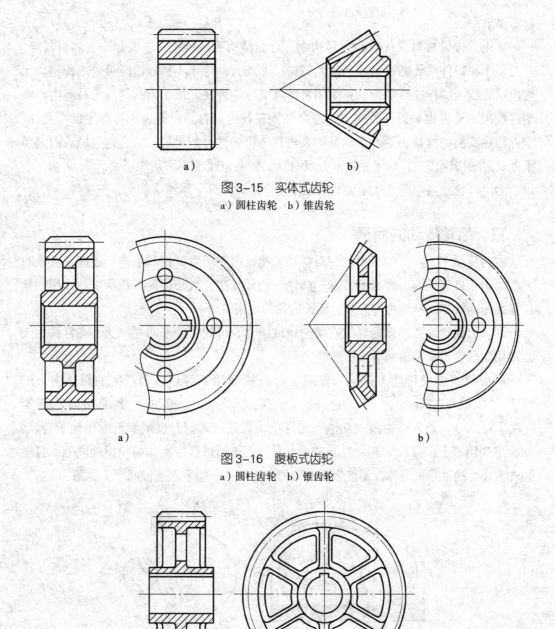

图 3-15　实体式齿轮
a）圆柱齿轮　b）锥齿轮

图 3-16　腹板式齿轮
a）圆柱齿轮　b）锥齿轮

图 3-17　轮辐式齿轮

二、齿轮常用材料及热处理

对齿轮材料的基本要求是：应使齿面具有足够的硬度和耐磨性，齿心具有足够的韧性以防止轮齿的失效，同时应具有良好的冷、热加工的工艺性，以达到齿轮的各种技术要求。

常用的齿轮材料为优质碳素结构钢、合金结构钢、铸钢、铸铁和非金属材料等，一般多采用锻件或轧制钢材。当齿轮结构尺寸较大，轮坯不易锻造时可采用铸钢。无防尘罩或机壳的低速传动齿轮可采用灰铸铁或球墨铸铁。低速重载的齿轮易产生齿面塑性变形，轮齿也易折断，宜选用综合性能较好的钢材。高速齿轮易产生齿面点蚀，宜选用硬度高的材料。受冲击载荷的齿轮宜选用韧性好的材料。对高速、轻载而又要求低噪声的齿轮传动，也可采用非金属材料，如夹布胶木、尼龙等。

钢制齿轮的热处理方法主要有表面淬火、渗碳淬火、渗氮、调质、正火等。

三、齿轮传动的润滑

齿轮传动中，由于啮合面的相对滑动，使齿面间产生摩擦和磨损，在高速重载时尤为突出。良好的润滑能起到冷却、防锈、降低噪声、改善齿轮工作状况的作用，从而提高传动效率，延缓轮齿失效，延长齿轮的使用寿命。

开式齿轮传动（传动齿轮没有防尘罩或机壳，齿轮完全暴露在外面）通常采用人工定期润滑，可采用油润滑或脂润滑。

一般闭式齿轮传动（传动齿轮装在经过精确加工而且封闭严密的箱体内）的润滑方式根据齿轮的圆周速度 v 的大小而定。当 $v<12$ m/s 时，多采用油池润滑（见图 3-18a），即大齿轮浸入油池一定深度，齿轮运转时，就把润滑油带到啮合区，同时甩到箱壁上，借以散热。当 $v>12$ m/s 时，由于圆周速度大，齿轮搅油剧烈，且黏附在齿面上的油易被甩掉，不能形成合适的润滑油膜，应采用喷油润滑（见图 3-18b）。

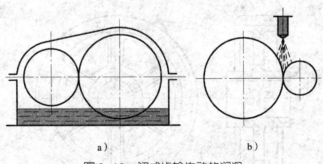

a）   b）

图 3-18　闭式齿轮传动的润滑

a）油池润滑　b）喷油润滑

四、齿轮传动的失效

齿轮传动过程中，若轮齿发生折断、齿面损坏等现象，则齿轮会失去正常的工作能力，称为失效。常见的齿轮失效形式有齿面点蚀、齿面磨损、齿面胶合、齿面塑性变形和轮齿折断等，见表 3-8。

表 3-8 渐开线齿轮的失效形式

失效形式	图示	引起原因	避免措施
齿面点蚀	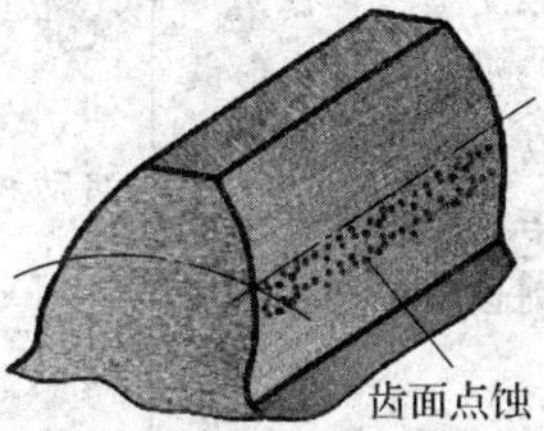 齿面点蚀	由于弹性变形的原因，齿轮传动实际上是很小的面接触，表面会产生很大的接触应力，且接触应力按一定的时间规律变化，当变化次数超过某一限度时，轮齿表面会产生细微的疲劳裂纹。裂纹逐渐扩展，会使表层上小块金属脱落，形成麻点和斑坑，即齿面点蚀。发生点蚀后，轮齿工作面被损坏，造成传动的不平稳和产生噪声	应合理选用齿轮参数，选择合适的材料及齿面硬度，减小表面粗糙度值，选用黏度高的润滑油并采用适当的添加剂
齿面磨损	 齿面磨损	齿轮传动过程中，接触的两齿面产生一定的相对滑动，使齿面发生磨损。当磨损速度符合规定的设计值，磨损量在界限内时，视为正常磨损。当齿面磨损严重时，渐开线齿面就会损坏，从而引起传动不平稳和冲击。齿面磨损是开式齿轮传动的主要失效形式	提高齿面硬度，减小表面粗糙度值，采用合适的材料组合，改善润滑条件和工作条件（如采用闭式齿轮传动）等
齿面胶合	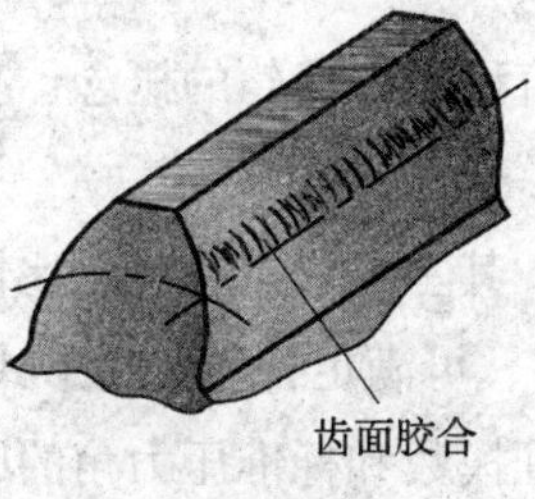 齿面胶合	在较大压力作用下，齿轮齿面上的润滑油会被挤走，两齿面金属直接接触，产生局部高温，致使两齿面发生粘连。随着齿面的相对滑动，较软轮齿的表面金属会被熔焊在另一轮齿的齿面上，形成沟痕，这种现象称为齿面胶合。发生胶合后，会在齿面上引起强烈的磨损和发热，使齿轮失效。一般高速和低速重载的齿轮传动容易发生齿面胶合	选用特殊的高黏度润滑油或在润滑油中加入抗胶合的添加剂，选用不同的材料使两轮不易粘连，提高齿面硬度，减小表面粗糙度值，改进冷却条件等

续表

失效形式	图示	引起原因	避免措施
齿面塑性变形	从动轮 主动轮	齿轮齿面较软时，在重载情况下，可能使表层金属沿着相对滑动方向发生局部的塑性流动，出现塑性变形。塑性变形后，主动齿轮沿着分度线形成凹沟，而从动齿轮沿着分度线形成凸棱。若整个轮齿发生永久性变形，则齿轮传动丧失工作能力	提高齿面硬度，采用黏度大的润滑油，尽量避免频繁启动和过载
轮齿折断		轮齿在传递动力时，齿根处受力最大，容易发生轮齿折断。轮齿折断的原因有两种：一种是受到严重冲击、短期过载而突然折断；另一种是轮齿长期工作后经过多次反复弯曲，使齿根发生疲劳折断。轮齿折断是开式齿轮传动和硬齿面闭式齿轮传动的主要失效形式之一	选择适当的模数和齿宽，采用合适的材料及热处理方法，齿根圆角不宜过小，应有一定要求的表面粗糙度，使齿根危险截面处的弯曲应力最大值不超过许用应力值

　　开式齿轮传动中的主要失效形式为齿面磨损和轮齿折断，闭式齿轮传动中的主要失效形式为齿面点蚀和齿面胶合。

 本章小结

　　1. 本章重点为渐开线标准直齿圆柱齿轮的概念、基本参数、几何尺寸计算、啮合条件和传动比。

　　2. 齿轮传动属于啮合传动，其主要优点有传动比恒定、传动平稳、传动效率高、齿轮种类繁多、可满足各种传动形式要求等。

　　3. 分度圆是齿轮上具有标准模数和标准压力角的圆，它是确定齿轮尺寸的一个基准圆。模数是齿轮几何尺寸计算中重要的基本参数，其大小直接影响齿轮各部分的几何尺寸和承载能力。渐开线齿轮的标准压力角 $\alpha=20°$。

4. 标准直齿圆柱齿轮各部分尺寸的计算公式见表 3-4。

5. 本章所讲各类型齿轮传动的标准参数位置和正确啮合条件见表 3-9。

表 3-9　各类型齿轮传动的标准参数位置和正确啮合条件

类型	标准参数位置	正确啮合条件
直齿圆柱齿轮传动	端平面	$m_1=m_2$ $\alpha_1=\alpha_2$
斜齿圆柱齿轮传动	法平面	$m_{n1}=m_{n2}$ $\alpha_{n1}=\alpha_{n2}$ $\beta_1=-\beta_2$（外啮合）
直齿锥齿轮传动	大端	$m_1=m_2$ $\alpha_1=\alpha_2$
蜗轮蜗杆传动	中平面	$m_{x1}=m_{t2}$ $\alpha_{x1}=\alpha_{t2}$ $\gamma_1=\beta_2$

6. 齿轮的常用结构形式有齿轮轴、实体式齿轮、腹板式齿轮和轮辐式齿轮等。

7. 常见的齿轮失效形式有齿面点蚀、齿面磨损、齿面胶合、齿面塑性变形和轮齿折断五种。

第四章
轮系

由一对齿轮所组成的传动是齿轮传动中最简单的形式。但在实际使用的机械设备中，依靠一对齿轮传动往往是不够的，它无法满足机械设备要求获得较大传动比、换向或多级传动的要求，因此需要多对（或多级）齿轮传动来完成人们所预期的功用要求和工作目的，如下图所示。

单缸内燃机

汽车变速箱

齿轮变速箱

观察轮系应用示例图片，想一想，由多对齿轮组成的轮系是如何实现变速、换向功能的？

本章主要内容

1. 轮系的概念、种类和功用。
2. 定轴轮系中各轮转向的判定和传动比计算。

§4-1　轮系的种类及其功用

如前所述，实际应用的传动装置中，为了满足不同的工作要求，例如要获得较大的传动比，或是将主动轴的一种转速变换为从动轴的多种转速，或需改变从动轴转向等，往往采用一系列相互啮合的齿轮将主动轴与从动轴连接起来进行传动。这种由一系列相互啮合的齿轮组成的传动装置称为轮系。

一、轮系的种类

根据轮系在运转时各齿轮的轴线是否固定，轮系可分为定轴轮系和周转轮系两种基本形式。

1. 定轴轮系

传动时，轮系中各轮的轴线在空间的位置都固定不动的轮系称为定轴轮系。

按各轴的轴线是否平行，定轴轮系可分为平面定轴轮系和空间定轴轮系。其具体结构特点见表 4-1。

表 4-1　定轴轮系的类型及其结构特点

分类	结构特点	图例
平面定轴轮系	各轮轴线都相互平行	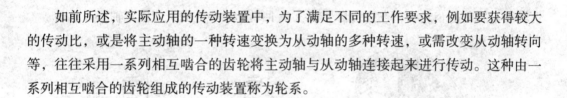

续表

分类	结构特点	图例
空间定轴轮系	含有锥齿轮或蜗轮蜗杆等不平行轴间齿轮传动	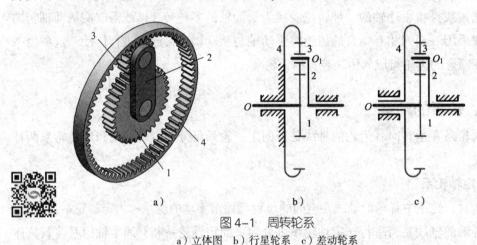

2. 周转轮系

轮系运转时，至少有一个齿轮的几何轴线的位置是不固定的，并且绕另一个齿轮的固定轴线转动，这种轮系称为周转轮系。如图 4-1 所示，齿轮 1、4 只能绕自身几何轴线 O 回转，齿轮 3 一方面绕自身轴线 O_1 回转，另一方面又绕固定轴线 O 回转。

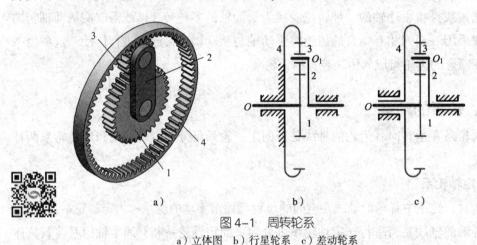

图 4-1 周转轮系

a）立体图 b）行星轮系 c）差动轮系
1—太阳轮 2—行星架 3—行星轮 4—内齿圈

周转轮系由太阳轮 1、内齿圈 4、行星轮 3 和行星架 2 组成。位于中心位置的外啮合齿轮称为太阳轮，位于最外面的内啮合齿轮称为内齿圈，它们统称为中心轮；同时与太阳轮和内齿圈啮合，既做自转又做公转的齿轮称为行星轮；支承行星轮的构件称为行星架。

周转轮系分为行星轮系与差动轮系两种。有一个中心轮的转速为零的周转轮系称为行星轮系（见图 4-1b），中心轮的转速都不为零的周转轮系称为差动轮系（见图 4-1c）。

二、轮系的功用

1. 连接相距较远的两传动轴

当两轴相距较远时，如果用一对啮合齿轮来传动，两齿轮的尺寸必然很大，如图 4-2 中两个大齿轮所示的状况。为了不使传动的零件尺寸过大，在保持传动比不变的条件下，

可用由一系列小齿轮组成的轮系来连接两轴，如图 4-2 中
4 个小齿轮的连接，则可减小机构所占空间并节省零件材料。

2. 获得很大的传动比

在一般齿轮传动中，一对啮合齿轮的传动比不能很
大，否则传动装置会过于庞大。当两轴之间传动比很大
时，可采用一系列的齿轮将主动轴和从动轴连接起来。如
图 4-3 所示轮系中的齿轮 2、4、6 分别比与之啮合的齿轮
1、3、5 要大，相对齿数就多，这样能将 Ⅰ 轴的高速转动
逐级降低，使 Ⅰ、Ⅳ 轴之间获得较大的传动比。显然，采
用定轴轮系，只要按使用要求适当增加齿轮传动的级数，
便可获得很大的传动比而不使传动装置的结构增大。

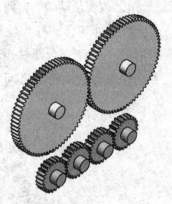

图 4-2 远距离传动

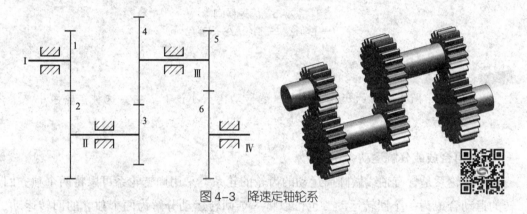

图 4-3 降速定轴轮系

3. 改变从动轴的转速

在定轴轮系中，当主动轴转速一定而从动轴需要几种不同的转速时，通常采用变
换两轴间啮合齿轮副的方法来解决。如图 4-4a 所示为利用滑移齿轮进行变速的定轴轮
系，图 4-4b 是该轮系的示意简图，Ⅰ 轴上的齿轮 1、2 是加工成一个整体的二联滑移
齿轮，通过它的轴向移动使 Ⅰ、Ⅱ 轴之间的传动可以由齿轮 1、3 或齿轮 2、4 进行两
种不同的转换，这样在 Ⅰ 轴转速一定的条件下，Ⅱ 轴可以获得两种不同的转速。

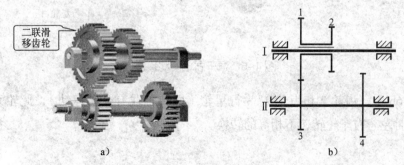

二联滑移齿轮

a)   b)

图 4-4 定轴轮系的变速

4. 改变从动轴的转向

两个外啮合圆柱齿轮的转向相反，因此，在定轴轮系中主动轴的转向一定时，每增加一对外啮合圆柱齿轮传动，从动轴的转向就改变一次。如图4-5所示，在主动轮1与从动轮3之间加了惰轮2，使主动轮1与从动轮3的转向相同。

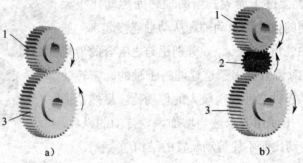

图4-5　齿轮换向

1—主动轮　2—惰轮　3—从动轮

提示

图4-5中的齿轮2对两轮的传动比大小没有影响。这种在轮系中与传动比大小无关，只影响从动轮转向的齿轮称为惰轮。

5. 可合成或分解运动

周转轮系是含有轴线做圆周运动的齿轮的轮系。采用周转轮系可以将两个独立回转的运动合成为一个回转运动，也可以将一个回转运动分解为两个独立的回转运动，如图4-6所示的汽车后轮传动装置。

行星轮

图4-6　汽车后轮传动装置

图4-6b中，齿轮2和齿轮2′为行星轮（回转轴线有公转运动），此轮系可实现汽车转弯时左、右车轮转速不相等的转换。

应用实例

如图4-7所示为车床走刀系统的三星轮换向机构，是典型的定轴轮系换向机构。其中，齿轮1是主动轮，齿轮4是从动轮，齿轮2、3是惰轮。图4-7a所示状态是主动轮1通过惰轮2（惰轮3空置）将运动传递到从动轮4，其间有两次外啮合圆柱齿轮副传动，主动轮、从动轮的转向相同。若逆时针扳动手柄，达到图4-7b所示位置，主动轮1通过惰轮3和惰轮2将运动传递到从动轮4，其间多增加了一次外啮合圆柱齿轮副传动，则主动轮、从动轮的转向相反，实现了从动轴的换向要求。

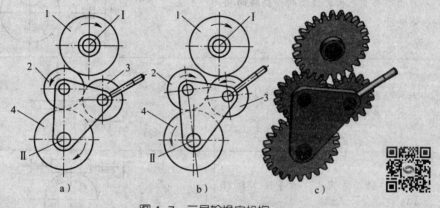

图4-7 三星轮换向机构

a）主、从动轮转向相同　b）主、从动轮转向相反　c）实体图

1—主动轮　2、3—惰轮　4—从动轮

§4-2 定轴轮系

在定轴轮系传动的分析过程中，不仅要计算轮系传动比的大小，还要判定其中各轴的旋转方向。

一、定轴轮系中各齿轮转向的判定

一对齿轮传动，当首轮（或末轮）的转向为已知时，其末轮（或首轮）的转向也就确定了，齿轮转向可利用直箭头示意法判定。

直箭头示意法是指用直箭头表示齿轮可见侧中点处的圆周运动方向。由于相啮合的一对齿轮在啮合点处的圆周运动方向相同，所以表示它们转动方向的直箭头总是同时指向或同时背离其啮合点，具体表示方法见表4-2。

表4-2 相啮合齿轮旋转方向的直箭头示意法

条件和说明	图例
一对外啮合圆柱齿轮传动的两轮转向相反，则两箭头反向	
一对内啮合圆柱齿轮传动的两轮转向相同，则两箭头同向	
一对外啮合锥齿轮传动，两箭头相互垂直，头对头或尾对尾	
蜗轮蜗杆传动应用左、右手法则判别（详见§3-3）	
同一轴上的齿轮转向相同，则各箭头同向	

如图4-8所示为用直箭头示意法表示定轴轮系中各齿轮转向的示例。

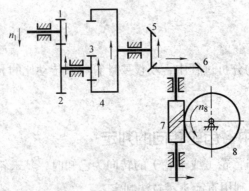

图4-8 轮系中各齿轮转向的判定

1、2、3、4、5、6—齿轮 7—蜗杆 8—蜗轮

提示

在判定轮系中各齿轮的转向时应注意，要按轮系的传动路线由轮系的首端主动轮开始（图4-8中的齿轮1）向后逐级依次进行，直至其末端从动轮（图4-8中的蜗轮8）。

知识拓展

对于平面定轴轮系来说，其首、末两轮之间的转向关系还可以用传动中圆柱齿轮副的外啮合次数来判定：若为奇数次，则首、末两轮的转向相反；若为偶数次，则首、末两轮的转向相同。

二、定轴轮系传动比的计算

定轴轮系的传动比是指其首端主动轮转速 n_1 与末端从动轮转速 n_k 之比，记作 i_{1k}，其表达式为

$$i_{1k} = \frac{n_1}{n_k}$$

如图4-9所示为一定轴轮系，齿轮1为首端主动轮，齿轮5为末端从动轮。轮系中各对齿轮的传动比分别为

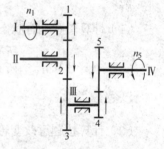

图4-9 定轴轮系简图

$$i_{12} = \frac{n_1}{n_2} = \frac{z_2}{z_1}, \ i_{23} = \frac{n_2}{n_3} = \frac{z_3}{z_2}, \ i_{45} = \frac{n_4}{n_5} = \frac{z_5}{z_4}$$

该轮系的传动比 i_{15} 的表达式为

$$i_{15} = \frac{n_1}{n_5} = i_{12} i_{23} i_{45} = \frac{z_2}{z_1} \frac{z_3}{z_2} \frac{z_5}{z_4} = \frac{z_3 z_5}{z_1 z_4}$$

上式表明，定轴轮系的传动比等于轮系中各级齿轮的传动比之积，其数值为轮系中从动轮齿数的连乘积与主动轮齿数的连乘积之比。同时可看出，轮系传动比的大小与其中惰轮（例如图4-9所示轮系中的齿轮2）的齿数无关。

由 k 个齿轮组成的定轴轮系的传动比 i_{1k} 为

$$i_{1k} = \frac{n_1}{n_k} = \frac{\text{所有从动轮齿数连乘积}}{\text{所有主动轮齿数连乘积}}$$

若已知定轴轮系中首端主动轮转速 n_1 和各轮齿数，则第 k 个齿轮的转速 n_k 为

$$n_k = n_1 \frac{\text{所有主动轮齿数连乘积}}{\text{所有从动轮齿数连乘积}} = \frac{n_1}{i_{1k}}$$

【例4-1】图4-10所示为定轴轮系变速机构，各齿轮齿数为图中所标的相应数值，且主动轴 I 的转速 $n_I = 1\ 480$ r/min。试确定图示啮合状态下该定轴轮系的传动比 i_{IV}

和Ⅴ轴转速n_V。若将轮系中Ⅲ、Ⅳ轴的啮合齿轮换为齿数为39和26的两齿轮，Ⅳ、Ⅴ轴的啮合齿轮换为齿数为82和28的两齿轮，则Ⅴ轴转速又是多少？

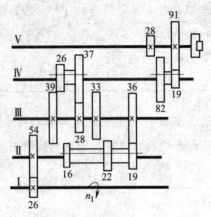

图4-10 定轴轮系变速机构

解：

（1）计算图示啮合状态下轮系的传动比$i_Ⅳ$和Ⅴ轴转速n_V

$$i_Ⅳ = \frac{n_Ⅰ}{n_V} = \frac{所有从动轮齿数连乘积}{所有主动轮齿数连乘积} = \frac{54 \times 36 \times 37 \times 91}{26 \times 19 \times 28 \times 19} = 24.9$$

$$n_V = \frac{n_Ⅰ}{i_Ⅳ} = \frac{1\,480}{24.9} \ \text{r/min} \approx 59 \ \text{r/min}$$

（2）计算按题意改变轮系啮合状况后的Ⅴ轴转速n_V

$$n_V = n_Ⅰ \frac{所有主动轮齿数连乘积}{所有从动轮齿数连乘积} = 1\,480 \times \frac{26 \times 19 \times 39 \times 82}{54 \times 36 \times 26 \times 28} \ \text{r/min}$$

$$\approx 1\,652 \ \text{r/min}$$

 知识拓展 ━━━━━━━━━━━━━━━━━━━━

　　在定轴轮系中，一般首端主动轴转速为定值，而末端从动轴所能获得的转速级数等于轮系中各轴间的传动比数量的连乘积。例如，图4-10所示轮系中，Ⅰ轴和Ⅱ轴只有54/26一种传动比，所以Ⅱ轴只有一种转速；Ⅱ轴和Ⅲ轴有36/19，33/22，39/16三种传动比，因此Ⅲ轴可获得1×3=3种转速；Ⅲ轴与Ⅳ轴有26/39，37/28两种传动比，故Ⅳ轴可有1×3×2=6种转速；Ⅳ轴与Ⅴ轴有28/82，91/19两种传动比，故通过改变各轴间不同齿轮副的啮合，Ⅴ轴可获得1×3×2×2=12级不同的转速。

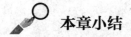 **本章小结**

1. 本章主要了解轮系的概念、种类、功用以及轮系中各轮转向的判定和传动比计算方法。

2. 轮系是由一系列相互啮合的齿轮组成的传动装置。定轴轮系是指各轮的轴线在空间位置都固定不动的轮系。周转轮系是指轮系运转时，至少有一个齿轮的几何轴线的位置是不固定的，并且绕另一个齿轮的固定轴线转动的轮系。

3. 轮系的功用有连接相距较远的两传动轴、获得很大的传动比以及改变从动轴的转速和转向等。

4. 用直箭头示意法表示定轴轮系中各齿轮转向时，直箭头是表示齿轮可见侧中点处的圆周运动方向，具体表示方法见表4-2。

5. 已知定轴轮系中各齿轮齿数，计算轮系传动比 i_{1k} 时，应用公式：

$$i_{1k} = \frac{n_1}{n_k} = \frac{\text{所有从动轮齿数连乘积}}{\text{所有主动轮齿数连乘积}}$$

已知首端主动轮转速 n_1 和各轮齿数，计算第 k 个齿轮的转速 n_k 时，应用公式：

$$n_k = n_1 \frac{\text{所有主动轮齿数连乘积}}{\text{所有从动轮齿数连乘积}}$$

若已计算出轮系传动比 i_{1k}，并已知首端主动轮转速 n_1，再计算第 k 个齿轮的转速 n_k 时，可直接应用公式：

$$n_k = \frac{n_1}{i_{1k}}$$

第五章
常用机构

　　无论是在生活中，还是在生产中，各种各样的机器设备都在为人们的生活和工作服务。例如，铲土机、缝纫机、电影放映机等。虽然机器的结构可能十分复杂，但其动作的传动都是由各种各样的基本结构完成的。仔细观察下面的实例，想一想，铲土机是如何保证铲斗平行移动的，它采用的是什么机构？缝纫机的从动紧线爪是如何紧线的？电影放映机是怎样放出清晰动态的电影画面的？

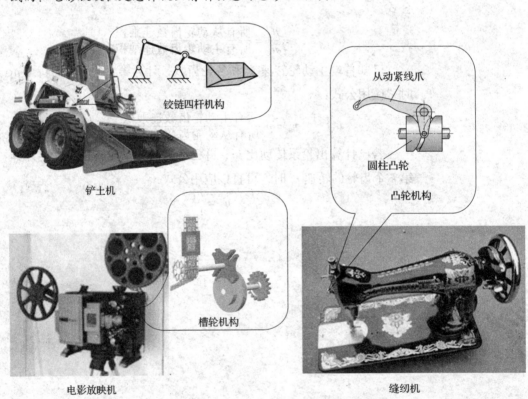

铲土机　　铰链四杆机构

从动紧线爪
圆柱凸轮
凸轮机构

电影放映机　　槽轮机构

缝纫机

本章主要内容

1. 铰链四杆机构的概念及其各基本形式的组成、运动特性和应用。

2. 凸轮机构的组成、分类及其从动件常用运动规律。

3. 棘轮机构和槽轮机构的组成、分类、特点和应用。

§5-1 平面连杆机构

平面连杆机构在机械传动中应用极广,除了它的基本形式外,还有很多演化形式,在此仅举两例。

缝纫机(见图5-1)踏板的上下摆动通过曲柄摇杆机构转化为带轮的转动。

内燃机(见图5-2)活塞的往复直线运动通过曲柄滑块机构转化为曲轴的旋转运动。

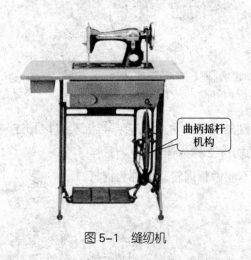

图 5-1 缝纫机

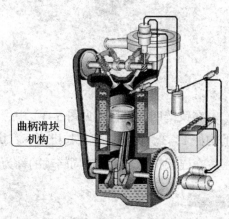

图 5-2 内燃机

一、铰链四杆机构的组成

平面连杆机构是指组成机构的一些刚性构件在同一平面或相互平行平面内运动的机构。最常用的平面连杆机构是具有四个构件(包括机架)的机构,称为四杆机构。它不仅应用广泛,而且是其他多杆机构的基础。

铰链四杆机构是由四个杆件通过转动副连接而成的传动机构，其基本结构如图 5-3a 所示。图 5-3b 为铰链四杆机构的机构简图。

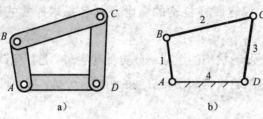

图 5-3　铰链四杆机构

a）铰链四杆机构基本结构　b）铰链四杆机构简图

1、3—连架杆　2—连杆　4—机架

说明

转动副的形式很多，机械设备中转动副的一般形式如图 5-4a、b 所示。在日常生活中，门和家具上用的合页（见图 5-4c）也是转动副连接的具体应用。

在机构简图中，小圆圈表示转动副，线段表示构件，带一组短斜线的线段（见图 5-3b）表示机构中固定不动的构件。

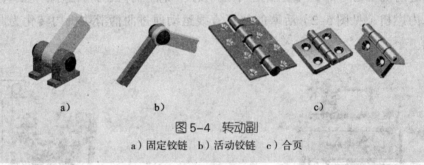

图 5-4　转动副

a）固定铰链　b）活动铰链　c）合页

在铰链四杆机构（见图 5-3）中，固定不动的构件 4 称为机架，与机架直接相连的构件 1、3 称为连架杆，与机架不直接相连的构件 2 称为连杆。

在连架杆中，能做整周转动的称为曲柄，不能做整周转动的称为摇杆。

提示

铰链四杆机构的四个构件中，必须有一个构件作为机架，而且只能有一个机架。机架数过多则机构会成为固定结构，不能运动；若没有机架，各构件相互间的运动将无确定的对应关系，则不能形成实用的机构。

二、铰链四杆机构的基本形式

在铰链四杆机构的两个连架杆中，可能一个为曲柄，另一个为摇杆，也可能两个均为曲柄，或者均为摇杆而无曲柄存在。根据两连架杆中曲柄存在形式的不同，铰链四杆机构分为曲柄摇杆机构、双曲柄机构和双摇杆机构三种基本形式。

 提示

> 铰链四杆机构中，存在曲柄的杆长条件为最短杆与最长杆的长度之和小于或等于其余两杆的长度之和。

1. 曲柄摇杆机构

在铰链四杆机构的两连架杆中，若一个为曲柄，而另一个为摇杆，则称为曲柄摇杆机构，如图5-5所示。

当机构满足曲柄存在的杆长条件时，取最短杆的邻杆作为机架，则形成曲柄摇杆机构。曲柄摇杆机构是铰链四杆机构的最基本形式，其他形式的铰链四杆机构都可由曲柄摇杆机构进行转化而得到。

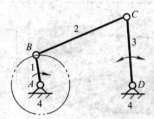

图5-5 曲柄摇杆机构
1—曲柄 2—连杆
3—摇杆 4—机架

（1）曲柄摇杆机构应用实例

曲柄摇杆机构应用实例见表5-1。

表5-1 曲柄摇杆机构应用实例

图例	机构简图	机构运动分析
剪板机		曲柄AB为主动件且匀速转动，通过连杆BC带动摇杆CD往复摆动，摇杆延伸端实现剪板机上刃口的开合剪切动作
雷达天线俯仰摆动机构		曲柄AB为主动件且匀速转动，通过连杆BC带动摇杆CD往复摆动，以实现雷达天线的俯仰动作

续表

图例	机构简图	机构运动分析
 搅拌器	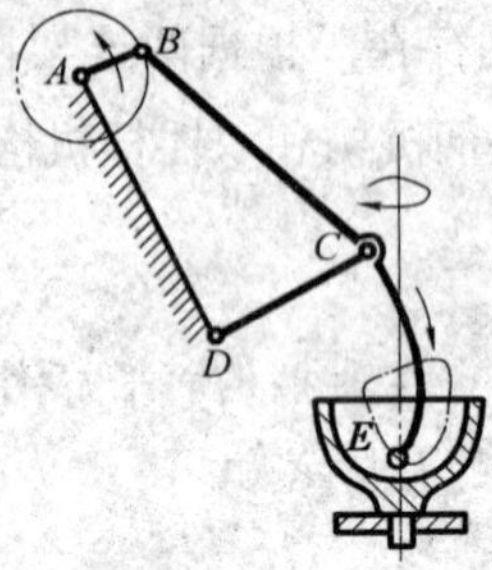	主动件曲柄 AB 匀速转动，摇杆 CD 往复摆动，连杆 BC 的外伸端部 E 按预定曲线运动，从而完成搅拌动作
 汽车风窗玻璃刮水器	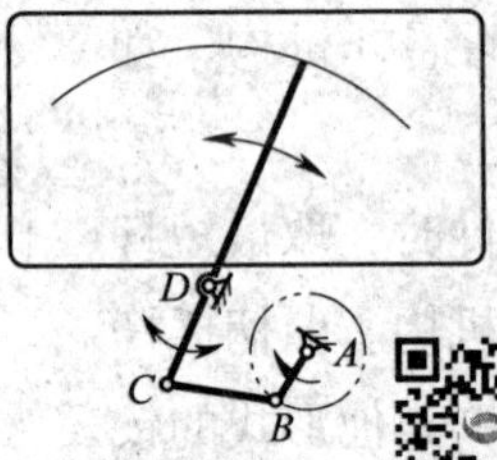	曲柄 AB 为主动件且匀速转动，通过连杆 BC 带动摇杆 CD 往复摆动，摇杆外伸端实现刮水动作
 缝纫机踏板机构	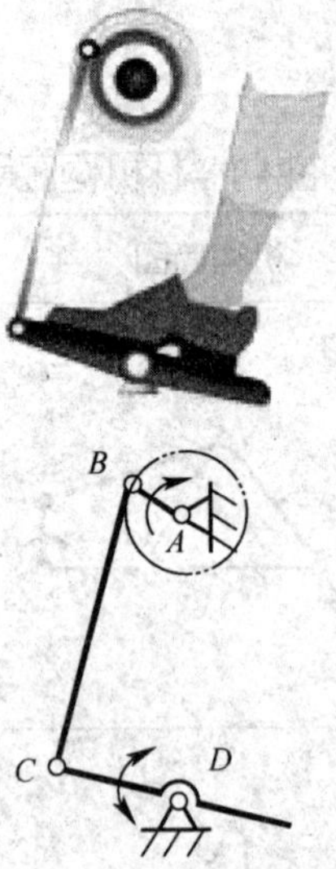	摇杆 CD（相当于踏板）为主动件并往复摆动，通过连杆 BC 驱动从动曲柄 AB 做整周转动

（2）曲柄摇杆机构运动特性分析

1）急回特性

如图 5-6 所示，主动件曲柄 AB 顺时针转动一周，在 AB_1 和 AB_2 位置均与连杆 BC 共线，这两次共线分别对应着从动件摇杆 CD 处于左、右极限位置 C_1D

和 C_2D，两共线位置之间的夹角为 θ。若曲柄匀速转动，很明显曲柄转过角 $\varphi_1=180° +\theta$ 比转过角 $\varphi_2=180° -\theta$ 需要的时间要多，这说明摇杆往复摆动的平均速度不同。通常情况下，摇杆由 C_1D 摆到 C_2D 的过程被用作机构中从动件的工作行程，摇杆由 C_2D 摆到 C_1D 的过程被用作机构中从动件的空回行程，空回行程的平均速度（$\overline{v_2}$）大于工作行程的平均速度（$\overline{v_1}$），机构的这种特性称为急回特性。在一些机械中，常利用摇杆的急回特性来缩短空回行程所用的时间，以提高工作效率。

2）止点位置

如图 5-7 所示，在摇杆 CD 为主动件并以其往复摆动来驱动曲柄做整周转动的过程中，摇杆处于 C_1D 或 C_2D 两极限位置时，连杆 BC 与曲柄 AB 两次共线，此时，摇杆经连杆施加给曲柄的力 F_1 或 F_2 必然通过铰链中心 A，曲柄不能获得转矩。机构所处的这种位置称为止点位置，也称死点位置。

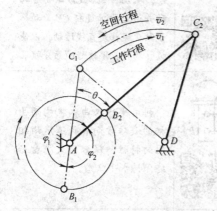

图 5-6　摇杆的急回特性

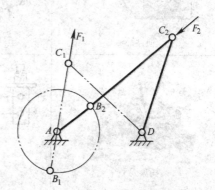

图 5-7　机构的止点位置

机构处于止点位置时，可能出现机构趋于静止不动或运动不确定的现象。对一般传动而言，机构的止点位置要设法加以克服。在机械传动中，通常利用从动件本身或飞轮的运动惯性来通过止点位置。例如，缝纫机踏板机构就是利用带轮的运动惯性来通过止点位置的。

2. 双曲柄机构

在铰链四杆机构中，若两个连架杆均为曲柄，则称为双曲柄机构，如图 5-8 所示。

常见的双曲柄机构形式有两曲柄长度不等的不等长双曲柄机构（见图 5-8a）、四个杆件形成平行四边形的平行双曲柄机构（见图 5-8b）以及相对的两杆件分别等长但互不平行的反向双曲柄机构（见图 5-8c）。

双曲柄机构应用实例见表 5-2。

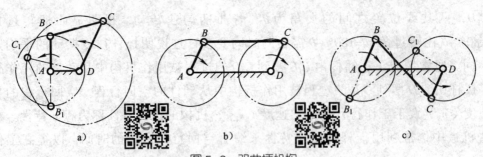

图 5-8　双曲柄机构

a）不等长双曲柄机构　b）平行双曲柄机构　c）反向双曲柄机构

表 5-2　双曲柄机构应用实例

图例	机构简图	机构运动分析
惯性筛		四杆件构成不等长双曲柄机构。主动件曲柄 AB 匀速转动，从动件曲柄 CD 做变速转动并通过附加连杆 CE 带动筛子做变速往复直线运动，以使被筛物料获得较好的筛分效果
托盘天平		利用平行双曲柄机构两曲柄的旋转方向和角速度均相同的特性，保证两天平盘始终保持水平状态
码垛机械手		四杆件构成平行双曲柄机构，两曲柄的旋转方向和角速度均相同。牵动主动件曲柄 AB 的延伸端 E，可使连杆 BC 带动机械手平行升降移动，以便平稳码垛
汽车门启闭机构		四杆件构成反向双曲柄机构，两曲柄的转向相反，角速度也不相同。牵动主动件曲柄 AB 的延伸端 E，能使两扇车门同时开启或关闭

提示

　　双曲柄机构的两连架杆都能做整周转动，无极限位置存在，因此双曲柄机构无止点位置。但对以长边为机架的平行双曲柄机构来说，在四杆共线时，可能因运动的不确定性而向反向双曲柄机构转化。为了避免这种现象的发生，可在从动件上附加惯性轮或添加附加装置。如图 5-9 所示的机车主动轮联动装置，增设了辅助曲柄 EF，以避免机构发生运动不确定的现象。

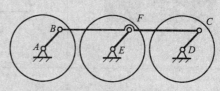

图 5-9　机车主动轮联动装置

3. 双摇杆机构

　　铰链四杆机构中，两个连架杆均为摇杆的机构称为双摇杆机构，如图 5-10 所示。

　　将曲柄摇杆机构中最短杆的相对杆固定为机架时，即形成双摇杆机构。若铰链四杆机构中，最短杆与最长杆的长度之和大于其余两杆的长度之和，则不论以哪一杆为机架，均为双摇杆机构。

　　双摇杆机构应用实例见表 5-3。

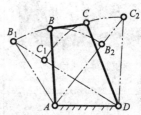

图 5-10　双摇杆机构

表 5-3　双摇杆机构应用实例

图例	机构简图	机构运动分析
 起重吊车机构		两摇杆 AB 和 CD 做往复摆动，连杆 BC 外伸端部 E 点的运动轨迹近似水平线，能使重物平稳移动

续表

图例	机构简图	机构运动分析
电风扇摇头机构		当电动机输出轴蜗杆带动蜗轮——连杆 AB 转动时，两从动件摇杆 AD 和 BC 被带动做往复摆动，从而实现电风扇的摇头动作
飞机起落架机构		主动件摇杆 AB 通过连杆 BC 带动从动件摇杆 CD 动作，实现起落架的收放 图示状态，摇杆 AB 与连杆 BC 共线，机构处于止点位置，可防止起落架自行收回
工件 手柄 夹紧机构		手柄与连杆 BC 连为一体，扳动手柄可夹紧或松开工件 图示状态，连杆 BC 与摇杆 CD 共线，机构处于止点位置，可提高工件夹紧的可靠性

提示

　　对于双摇杆机构，不论以哪个摇杆为主动件，机构均有止点位置（如图 5-10 中的细双点画线 AB_1C_1D 和 AB_2C_2D 所表示的位置）。应用时，如需避免止点位置，应限制摇杆的摆动角度。

　　在实际应用中，有时也利用机构的止点位置来满足某项工作的需求。例如表 5-3 中的飞机起落架机构和夹紧机构。

三、曲柄滑块机构及其演化形式

曲柄滑块机构是将曲柄摇杆机构中的摇杆转化为滑块而得到的一种演化形式，如图 5-11 所示。当曲柄 AB 匀速转动时，通过连杆 BC 带动滑块 3 在机架导轨上做往复直线运动。

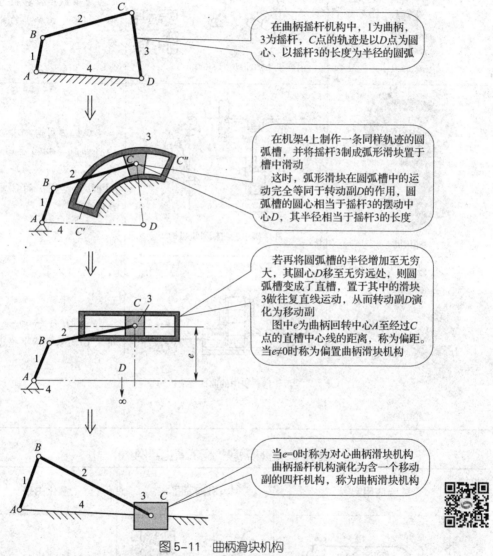

在曲柄摇杆机构中，1为曲柄，3为摇杆，C点的轨迹是以D点为圆心、以摇杆3的长度为半径的圆弧

在机架4上制作一条同样轨迹的圆弧槽，并将摇杆3制成弧形滑块置于槽中滑动
这时，弧形滑块在圆弧槽中的运动完全等同于转动副D的作用，圆弧槽的圆心相当于摇杆3的摆动中心D，其半径相当于摇杆3的长度

若再将圆弧槽的半径增加至无穷大，其圆心D移至无穷远处，则圆弧槽变成了直槽，置于其中的滑块3做往复直线运动，从而转动副D演化为移动副
图中e为曲柄回转中心A至经过C点的直槽中心线的距离，称为偏距。当e≠0时称为偏置曲柄滑块机构

当e=0时称为对心曲柄滑块机构
曲柄摇杆机构演化为含一个移动副的四杆机构，称为曲柄滑块机构

图 5-11 曲柄滑块机构

1—曲柄 2—连杆 3—摇杆（后转化为滑块） 4—机架

1. 曲柄滑块机构应用实例

曲柄滑块机构应用实例见表 5-4。

2. 曲柄滑块机构的演化形式

曲柄滑块机构的演化形式很多，其实例见表 5-5。

表 5-4　曲柄滑块机构应用实例

图例	机构简图	机构运动分析
 内燃机气缸	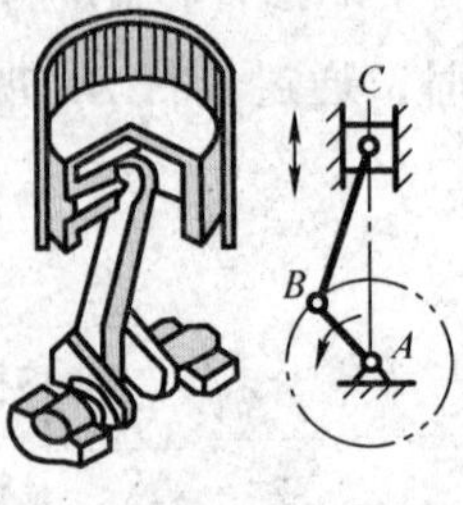 内燃机中的曲柄滑块机构	内燃机应用曲柄滑块机构将活塞（相当于滑块）的往复直线运动转换为曲轴（相当于曲柄）的旋转运动
 冲压机	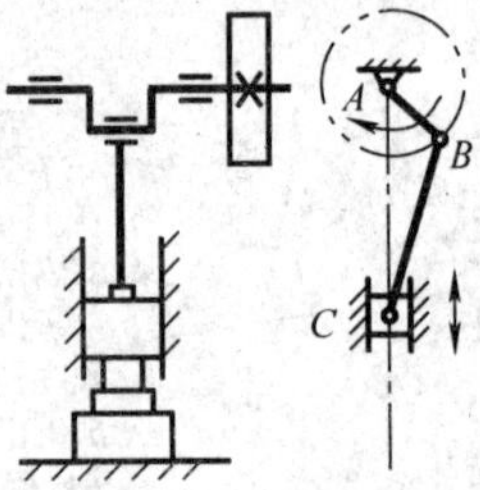 冲压机中的曲柄滑块机构	冲压机应用曲柄滑块机构将曲轴（相当于曲柄）的旋转运动转换为冲压头（相当于滑块）的往复直线运动
 滚轮送料机	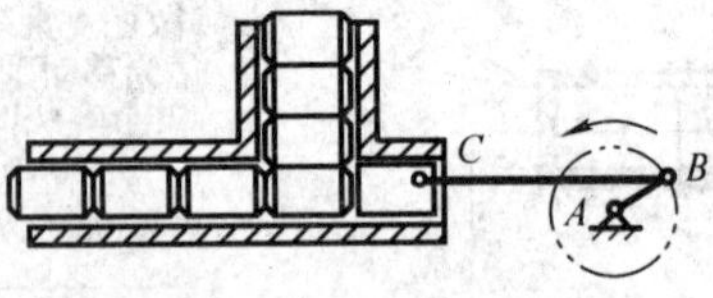 滚轮送料机中的曲柄滑块机构	曲柄 AB 每转动一周，滑块 C 就从料槽中推出一个工件

表 5-5　曲柄滑块机构的演化实例

机构名称	应用实例	机构简图	演化由来
摆动导杆机构	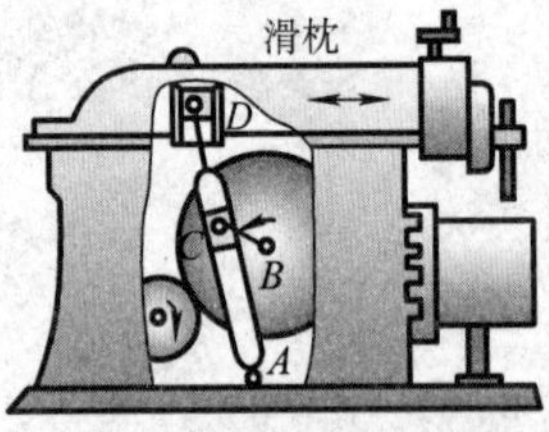 牛头刨床滑枕驱动机构	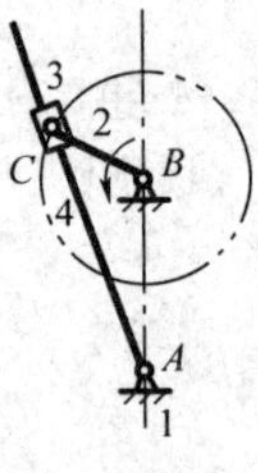 1—机架　2—曲柄 3—滑块　4—导杆	取曲柄滑块机构中的曲柄作为机架，原连杆缩短成为新的曲柄，原导轨成为摆动导杆（此时机架长大于曲柄长）

续表

机构名称	应用实例	机构简图	演化由来
曲柄摇块机构	自卸汽车卸料机构	1—曲柄　2—机架 3—摇块（缸体） 4—导杆（活塞杆）	取曲柄滑块机构中的连杆作为机架（原滑块转化为摇块）
移动导杆机构	手压抽水机	1—连杆　2—连架杆 3—机架（唧筒）4—导杆	以曲柄滑块机构中的滑块为机架（原导轨转化为移动导杆）

提示

　　在导杆机构中，若机架长度小于主动件（曲柄）的长度，则为转动导杆机构。

§5-2　凸轮机构

　　凸轮是具有控制从动件运动规律的曲线轮廓的构件，含有凸轮的机构称为凸轮机构。在自动化机械中，要使机构按较复杂的预定规律完成某一工作循环，通常采用凸轮机构。

　　图 5-12a 所示为多缸内燃机的配气机构，图 5-12b 所示为其机构运动示意图。工作时，匀速回转的凸轮 1 迫使气门 3 做往复移动，以使气门开启或关闭。通过多个凸轮的协调动作，控制着各个气缸按预定规律完成进气和排气的工作循环。这种较复杂的运动规律循环是其他传动机构所难以实现的。

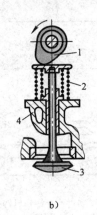

a)   b)

图 5-12 多缸内燃机的配气机构
a) 透视图 b) 机构运动示意图
1—凸轮 2—弹簧 3—气门（从动件） 4—机架

一、凸轮机构的组成和特点

1. 凸轮机构的组成

如图 5-13 所示，凸轮机构主要由凸轮、从动件和固定机架三个构件组成。从动件靠重力或弹簧力与凸轮紧密接触，凸轮转动时，从动件做往复移动或摆动。

2. 凸轮机构的特点

凸轮机构的基本特点是能使从动件获得较复杂且准确的预期运动规律，但凸轮轮廓与从动件的接触面积小，所以接触处压强大，易磨损，因而不能承受很大的载荷。另外，凸轮是一个具有特定曲线轮廓的构件，轮廓精度要求高时需用数控机床进行加工。

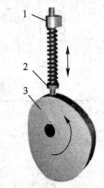

图 5-13 凸轮机构的组成
1—固定机架 2—从动件
3—凸轮

二、凸轮机构的分类和应用

1. 凸轮机构的分类

凸轮机构的种类很多，通常按凸轮和从动件的端部结构分类。按凸轮分类有盘形凸轮机构、移动凸轮机构和圆柱凸轮机构；按从动件的端部结构分类，有尖底从动件凸轮机构、滚子从动件凸轮机构和平底从动件凸轮机构。另外，按从动件的运动形式分类，有移动从动件凸轮机构和摆动从动件凸轮机构。凸轮机构的具体类型见表 5-6。

2. 凸轮机构应用实例

图 5-14 所示为靠模车削机构，靠模板 4（相当于移动凸轮）固定在车床床身上。车削加工时，工件旋转，刀架 3 带动车刀 2（从动件）沿工件轴向移动，由靠模板曲线轮廓控制车刀相对于工件的径向进给，车刀按预定规律动作，从而车削出具有曲面轮廓的工件。

表5-6 凸轮机构的具体类型

凸轮		盘形凸轮	移动凸轮	圆柱凸轮
按凸轮分类	图例			
	说明	盘形凸轮是凸轮的最基本形式,结构简单,应用广泛	凸轮相对于机架做往复直线移动	在圆柱端面加工出曲线轮廓或在圆柱表面开出曲线凹槽
从动件端部结构		尖底	滚子	平底
按从动件端部结构与运动形式分类	图例 移动			
	摆动			
	说明	结构简单,能准确实现较复杂的运动规律。但与凸轮接触面积小,易磨损,故适用于载荷较小的场合	摩擦和磨损较小,可承受较大载荷,应用较广泛。但对具有内凹轮廓的凸轮,当内凹曲率半径较小时,应用受一定的限制	从动件底面与凸轮之间易形成油膜,可高速运转,但不能应用于有内凹轮廓的凸轮

图5-15所示为自动车床的走刀机构,在圆柱表面开有曲线凹槽的圆柱凸轮4转动时,凹槽的侧面推动摆杆3端部的滚子,使摆杆绕固定铰链C的回转中心摆动,摆杆另一端的扇形齿轮与刀架底部的齿条相啮合,使刀架实现进刀和退刀动作。

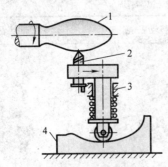

图 5-14　靠模车削机构

1—工件　2—车刀　3—刀架　4—靠模板

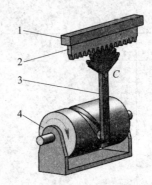

图 5-15　自动车床的走刀机构

1—刀架　2—齿条　3—摆杆　4—圆柱凸轮

三、从动件常用的运动规律

凸轮的轮廓形状取决于从动件的运动规律，而从动件的运动规律是指从动件在运动时，其位移 s、速度 v 和加速度 a 随时间 t 变化的规律。

如图 5-16 所示为一尖底从动件盘形凸轮机构，从动件的工作行程为 h，其工作循环为升—停—降—停。机构的图示状态是从动件处于工作循环的最低位置，此时，与从动件相接触处凸轮轮廓曲线的向径 r_0 为整个轮廓曲线上的最小向径。凸轮上，以其回转中心为圆心，以最小向径 r_0 为半径所作的圆称为基圆。

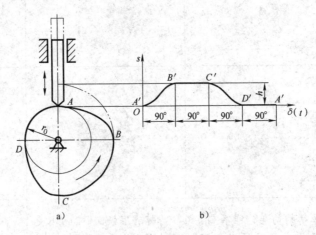

图 5-16　凸轮机构的工作原理

a）凸轮机构的工作过程　b）从动件的位移曲线

 提示

由于一般凸轮为匀速转动，其转角 δ 与时间 t 成正比，所以从动件的运动规律通常表示为从动件的运动参数随凸轮转角 δ 变化的规律。例如，图 5-16b 为反映从动件位移 s 随凸轮转角 δ 变化规律的位移曲线。

凸轮机构从动件的运动规律有很多种，常用的运动规律有等速运动规律和等加速等减速运动规律。

1. 等速运动规律

等速运动规律是指从动件在上升过程和下降过程中其速度保持不变的运动规律。由于等速运动中从动件的位移量与凸轮转角的大小成比例，故位移曲线为斜直线，如图 5-17 所示，图中凸轮转角 δ_1、δ_2 分别对应从动件等速上升和等速下降的过程。

从动件等速运动规律的特点是在从动件运动的起始点、转折点和终止点都有速度的突变，使加速度趋于无限大，因此会引起强烈的惯性冲击，这种冲击对凸轮机构的工作影响很大，所以等速运动规律一般只适用于低速或从动件质量较小的场合。

2. 等加速等减速运动规律

图 5-18 所示为从动件等加速等减速运动规律，该规律的位移曲线为抛物线。从动件在上升行程的前半段按等加速上升，后半段按等减速继续上升至最大行程。回程时前半段按等加速下降，后半段按等减速继续下降至初始位置。

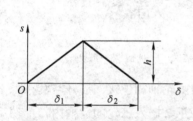

图 5-17 从动件等速运动规律

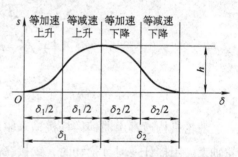

图 5-18 从动件等加速等减速运动规律

等加速等减速运动规律的特点是在一个运动循环中，从动件的运动速度逐步增大又逐步减小，避免了运动速度的突变，但在从动件运动的起始点、转折点和终止点仍存在着加速度的有限突变，还会有一定的惯性冲击，所以这种运动规律适用于凸轮为中、低速转动，从动件质量不大的场合。

§5-3 间歇运动机构

间歇运动机构是指主动件做连续运动而从动件做间歇运动的机构。这种机构多用于机械的进给、送料等装置。棘轮机构和槽轮机构都属于间歇运动机构。

一、棘轮机构

棘轮机构是间歇机构的一种形式，它将主动件的连续运动转换为从动件的间歇运动。棘轮机构的特点是结构简单，制造方便，棘轮的转角可在一定范围内调节，但工作时易产生冲击和噪声，适用于低速、转角不大和传动平稳性要求不高的场合。

1. 棘轮机构的工作原理

如图 5-19 所示，棘轮机构主要由摇杆、棘轮、驱动棘爪、止回棘爪、曲柄和机架等组成。

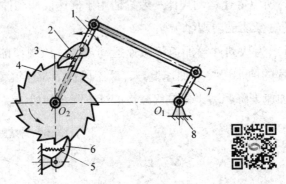

图 5-19　棘轮机构的组成

1—摇杆　2—驱动棘爪　3、5—弹簧　4—棘轮　6—止回棘爪　7—曲柄　8—机架

棘轮机构通常由曲柄摇杆机构来驱动，棘轮用键与棘轮轴相连接，摇杆空套在棘轮轴上。当摇杆逆时针摆动时，铰接在摇杆上的驱动棘爪 2 插入棘轮的齿槽内，推动棘轮同向转过一定角度。当摇杆顺时针摆动时，驱动棘爪 2 从棘轮的齿背上滑过，棘轮静止不动。止回棘爪 6 起阻止棘轮回转作用。这样，摇杆连续往复摆动，棘轮则间歇地做单方向转动。

2. 棘轮机构的常见类型

棘轮有外齿棘轮和内齿棘轮两种，图 5-19 所示为外齿棘轮机构。常用的外齿棘轮机构有如下几种形式。

（1）单动式棘轮机构

如图 5-20 所示，该机构的特点是摇杆往复摆动一次，驱动棘爪单方向推动棘轮间歇转动一次。

（2）双动式棘轮机构

如图 5-21 所示，该机构在工作原理上可视为两个单动式棘轮机构轮流工作的组合，摇杆往复摆动时，两个驱动棘爪交替地推动棘轮做间歇转动。这种机构的特点是摇杆往复摆动一次，能使棘轮沿同一方向间歇转动两次，但每次停歇的时间较短，棘轮每次的转角也较小。

图 5-20 单动式棘轮机构

1—摇杆 2—驱动棘爪 3—棘轮 4—止回棘爪

图 5-21 双动式棘轮机构

1—摇杆 2、3—驱动棘爪 4—棘轮

（3）可变向棘轮机构

如图 5-22 所示，该机构的棘轮轮齿为矩形齿，驱动棘爪做成对称形状。摇杆连续往复摆动，当驱动棘爪处于图示左侧位置时，驱动棘爪间歇推动棘轮做逆时针转动；若将驱动棘爪翻转到摇杆的另一侧（细双点画线位置），则间歇推动棘轮做顺时针转动。这种机构的基本特点是可使从动件实现双向间歇运动。

（4）摩擦式棘轮机构

如图 5-23 所示，该机构的棘轮是一个没有齿的摩擦轮，靠棘轮与棘爪之间的摩擦力进行传动。这种机构的特点是能无级地调节棘轮转角的大小，传动平稳，噪声小，但传动能力不大，适用于轻载场合。

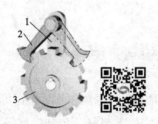

图 5-22 可变向棘轮机构

1—摇杆 2—驱动棘爪 3—棘轮

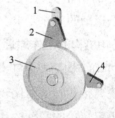

图 5-23 摩擦式棘轮机构

1—摇杆 2—驱动棘爪 3—棘轮 4—止回棘爪

 知识拓展

自行车后轮传动中的飞轮就是内齿棘轮机构的一个应用实例，如图 5-24 所示。飞轮体与自行车后轮轮毂用螺纹紧固为一体，飞轮外圈的内表面加工成内齿棘轮，棘爪靠弹簧力作用与棘轮齿紧密接触。当向前蹬动脚踏板时，动力通过中轴链轮和链条带动飞轮外圈转动，再由其内表面上的内齿通过棘爪来驱动后轮使自行车前行。在自行车行进中，若不蹬动脚踏板，飞轮外圈停止转动时，自行车在运动惯性的作用下仍会向前滑行，后轮继续转动使棘爪在内齿棘轮的齿背上滑过。这种从动件能超越主动件而运动的机构称为超越机构，超越机构在机械设备中有着广泛的应用。

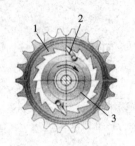
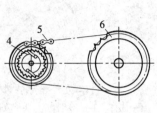

a)   b)

图 5-24　内齿棘轮机构应用
a）实物图　b）机构简图
1—内齿棘轮　2—棘爪　3—飞轮体　4—飞轮　5—链条　6—中轴链轮

二、槽轮机构

电影放映时，虽然屏幕上画面的播放是连续
的，但是放映时电影胶片的走向必须是间歇的，并
使每一画面能有足够的停留时间，才能得到清晰的
动态影像，而槽轮机构（见图 5-25）正好能满足
其实现间歇运动的工作要求。

图 5-25　放映电影胶片的槽轮机构

1. 槽轮机构的工作原理

槽轮机构结构简单、工作可靠，机械效率高，
在进入和脱离接触时运动比较平稳，能准确控制转动的角度。但槽轮的转角不可调节，
故只能用于定转角的间歇运动机构中，如自动机床、电影放映机械、包装机械等。

图 5-26 所示的槽轮机构由主动杆、圆销、槽轮及机架等组成。主动杆做逆
时针连续转动，在主动杆上的圆销进入槽轮的径向槽之前，槽轮的内凹锁止弧被
主动杆的外凸弧卡住，不能转动。当圆销开始进入槽轮径向槽时，锁止弧开始脱
开（见图 5-26a），圆销推动槽轮沿顺时针方向转动。当圆销开始脱出槽轮的径向槽
时，槽轮上的另一内凹锁止弧又被主动杆上的外凸弧锁住（见图 5-26b），使槽轮
不能转动，直至主动杆上的圆销再次进入槽轮上的另一个径向槽，重复上述的运动
循环。

2. 槽轮机构的常见类型

槽轮机构分为外啮合槽轮机构和内啮合槽轮机构，常见槽轮机构的类型和运动特
点见表 5-7。

槽轮机构在机械设备中应用很广，例如自动机床工作时，刀架的转位由预定程序
来控制，而具体动作是由槽轮机构来实现的，如图 5-27 所示。

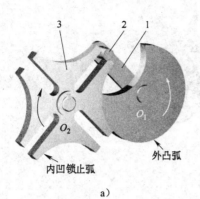

内凹锁止弧　外凸弧

a)　b)

图 5-26 单圆销外啮合槽轮机构

a）圆销进入径向槽 b）圆销脱离径向槽

1—主动杆 2—圆销 3—槽轮

表 5-7 常见槽轮机构的类型和运动特点

类型		图例	运动特点
外啮合槽轮机构	单圆销		主动杆匀速转动一周，槽轮间歇地转过一个槽口，且槽轮与主动杆转向相反
	双圆销		主动杆匀速转动一周，槽轮间歇地转动两次，每次转过一个槽口，且槽轮与主动杆转向相反
内啮合槽轮机构			主动杆匀速转动一周，槽轮间歇地转过一个槽口，且槽轮与主动杆转向相同

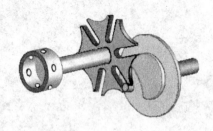

图 5-27　刀架转位机构

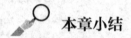 本章小结

1. 本章重点为铰链四杆机构及其演化形式，凸轮机构和间歇运动机构的组成、运动特性和应用。

2. 铰链四杆机构有曲柄摇杆机构、双曲柄机构和双摇杆机构三种基本形式，其中曲柄摇杆机构是最基本的形式，它能够演化成很多其他形式。

3. 铰链四杆机构中，存在曲柄的杆长条件为最短杆与最长杆的长度之和小于或等于其余两杆的长度之和。但应注意，满足曲柄存在的杆长条件时机构中并不一定就有曲柄存在，这还与选哪个杆件作机架有关。

4. 凸轮机构的基本特点是能使从动件获得较复杂且准确的预期运动规律，而从动件的运动规律由凸轮的轮廓曲线来控制。从动件常用的运动规律有等速运动规律和等加速等减速运动规律，两者相比较，采用等加速等减速运动规律时从动件的运动惯性冲击较小。

5. 间歇运动机构多用于机械的进给、送料等装置，这种机构能在主动件连续运动的情况下使从动件做间歇运动。棘轮机构和槽轮机构是两种较常用的间歇运动机构，棘轮的转角可在一定范围内调节，但工作时有冲击，传动平稳性差。

第六章
轴系零部件

齿轮泵是液压传动系统中常用的动力元件，如下图所示，在齿轮泵的结构中包含了轴、键、销和螺纹连接等。想一想，齿轮泵的泵盖和泵体是用什么定位的？齿轮泵的齿轮为什么能与轴一起转动？

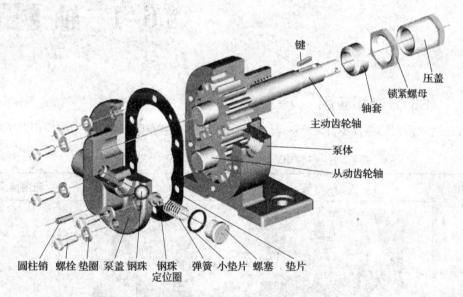

汽车行驶时，道路不平会引起变速器输出轴与后驱动桥输入轴之间相对位置的变化。如下图所示，汽车后轮传动装置中后传动轴采用了万向联轴器结构，实现了上述两轴之间的传动。

传动轴

本章主要内容

1. 轴的用途及分类，轴上零件的轴向固定和周向固定的方法。
2. 滑动轴承和滚动轴承的结构、类型、特点及代号。
3. 滚动轴承的安装、润滑、密封与选用原则。
4. 键、销连接的功用、类型和特点。
5. 联轴器的功用、类型和特点。

§6-1 轴

一、轴的分类和应用

轴是组成机器的主要零件之一，表 6-1 所列为轴在实际生产和生活中的应用及类型。

表 6-1 轴在实际生产和生活中的应用及类型

类型		实例	应用特点
心轴	固定心轴	自行车的前轴、后轴　　　支承滑轮的轴	支承转动零件，只承受弯矩，不传递转矩
	转动心轴	火车车轮轴	

续表

类型	实例	应用特点
转轴	减速器齿轮轴　　数控车床主轴	既承受弯矩又承受转矩，既支承回转零件又传递动力，是机器中最常见的一种轴
传动轴	汽车的传动轴	主要承受转矩，不承受或承受很小的弯矩，是主要用于动力传动的轴

　　从上述实例可知，一切做回转运动的零件（如齿轮、带轮等），都必须安装在轴上才能运动或传递动力。因此，轴的主要功用是支承回转零件，并使其具有确定的工作位置以传递运动和动力。

　　按受载的特点，轴可分为心轴、转轴和传动轴。

　　按轴线的形状，轴可分为直轴（见图6-1）、曲轴（见图6-2）和挠性轴（见图6-3），直轴按外形不同又可分为光轴和阶梯轴。

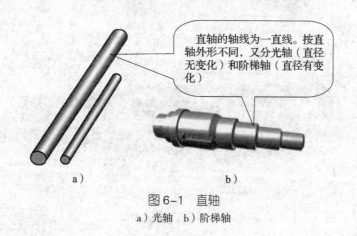

直轴的轴线为一直线。按直轴外形不同，又分光轴（直径无变化）和阶梯轴（直径有变化）

a）　　　　　b）

图6-1　直轴
a）光轴　b）阶梯轴

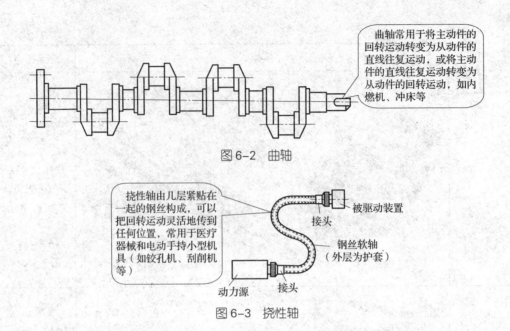

曲轴常用于将主动件的回转运动转变为从动件的直线往复运动，或将主动件的直线往复运动转变为从动件的回转运动，如内燃机、冲床等

图 6-2　曲轴

挠性轴由几层紧贴在一起的钢丝构成，可以把回转运动灵活地传到任何位置，常用于医疗器械和电动手持小型机具（如铰孔机、刮削机等）

被驱动装置

接头

钢丝软轴（外层为护套）

动力源　　接头

图 6-3　挠性轴

二、轴的结构和轴上零件的固定

1. 轴的结构

由图 6-4 所示的齿轮减速器轴可知，轴主要由轴颈、轴头和轴身三部分组成。被轴承支承的部位称为轴颈，支承回转零件的部位称为轴头，连接轴颈和轴头的部位称为轴身。阶梯轴中用作零件轴向固定的台阶部位称为轴肩，环形部位称为轴环。

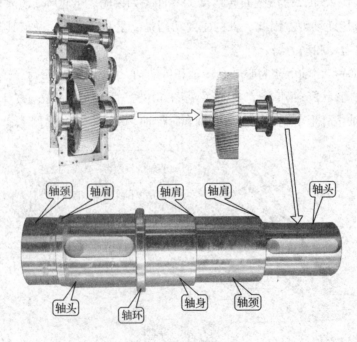

轴颈　轴肩　　轴肩　轴肩　　　　轴头

轴头　　轴环　　轴身　轴颈

图 6-4　齿轮减速器轴

轴的各部分直径应符合标准尺寸系列，轴颈直径必须符合轴承内孔的直径系列。

为了便于轴上零件的固定和装拆，工程上一般采用阶梯轴。轴的结构多种多样，没有标准的形式。为了使轴的结构及其各部分都具有合理的形状和尺寸，在设计轴的结构时，应注意以下三个方面的要求：使轴上零件固定可靠，便于加工和尽量避免或减小应力集中，轴上零件便于安装和拆卸。

2. 轴上零件的定位和固定

为了保证机械正常工作，安装时轴上零件之间应有确定的相对位置，故轴上零件需要定位，同时在工作中要保持原位不变，因此，轴上零件还需要固定。作为具体结构，通常既起定位作用又起固定作用。

（1）轴向定位和固定

轴上零件的轴向定位方法主要取决于它所受轴向力的大小。此外，还应考虑轴的制造、轴上零件装拆的难易程度及对轴的强度影响等因素。常用的有轴肩（轴环）、套筒、圆螺母、轴用弹性挡圈、紧定螺钉、圆锥面和轴端挡圈定位等方法。

1）轴肩（见图6-5）、轴环（见图6-6）由定位面和过渡圆角组成，结构简单可靠，能承受较大的轴向力，应用广泛。

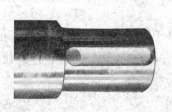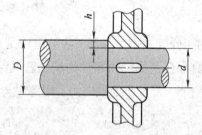

图6-5 轴肩

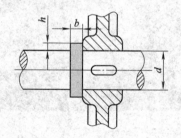

图6-6 轴环

2）套筒（见图6-7）是借助位置已确定的零件来定位的，它的两端面为定位面，结构简单可靠，能承受较大的轴向力。套筒装拆方便，一般用于轴上两零件间的距离不大的场合，但由于轴和套筒配合较松，所以不宜用于高速轴。

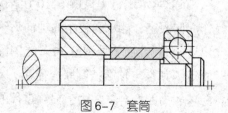

图6-7 套筒

3）圆螺母（见图6-8）定位是指当轴上零件间的距离较大且允许在轴上切制螺纹时，用圆螺母的端面压紧零件端面来定位。其定位可靠，能承受较大的轴向力，但对轴强度的削弱较大，所以多用于轴端并采用细牙螺纹。

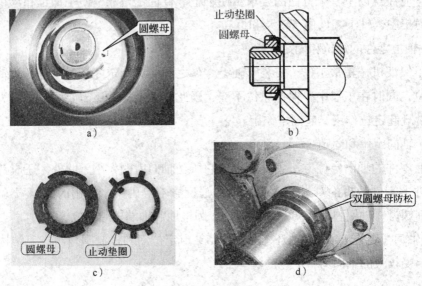

图6-8　圆螺母

4）轴用弹性挡圈（见图6-9）定位是在轴上切出环形槽，将弹性挡圈嵌入槽中，利用它的侧面压紧被定位零件的端面。其结构简单紧凑，装拆方便，但对轴的强度削弱较大，只能承受较小的轴向力，可靠性差。

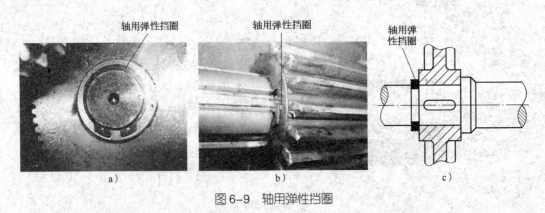

图6-9　轴用弹性挡圈

5）紧定螺钉（见图6-10）结构简单，轴上零件的位置可调，多用于光轴，可兼作周向固定，能承受较小的轴向力，不宜用于高速轴。

6）圆锥面（见图6-11）能消除轴与轮毂间的径向间隙，装拆方便，可兼作周向固定。其常与轴端挡圈联合使用，实现零件的双向固定，适用于有冲击载荷和对中性要求较高的场合，常用于轴端零件的固定，但加工锥面时精度要求较高。

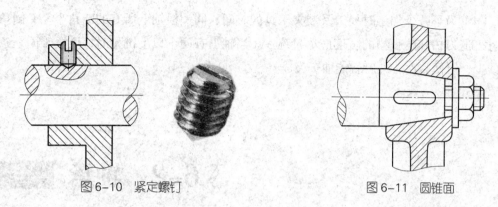

图6-10 紧定螺钉　　　　　　　图6-11 圆锥面

（2）周向定位和固定

轴上零件的周向定位方法一般根据其传递转矩的大小和性质、零件对中精度的高低、加工难易程度等因素来选择。常用的方法有键连接、销连接、过盈连接等（这些内容将在§6-3中专门介绍）。

3. 轴的结构工艺性

轴的结构应尽量简单，以便于加工和装配，同时减小应力集中，提高轴的疲劳强度。所以，在轴的结构工艺性上需注意以下事项：

（1）阶梯轴（见图6-12）直径应中间大，并由中间向两端依次减小，以便于轴上零件的拆装。

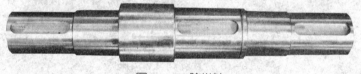

图6-12 阶梯轴

（2）为了便于装配，轴端、轴颈和轴头的端部应倒角，一般为45°。为防止产生应力集中现象，对阶梯轴中截面尺寸变化处应采用圆角过渡。

（3）轴上切削螺纹处应留有退刀槽（见图6-13），需要磨削的轴段应留有砂轮的越程槽（见图6-14）。

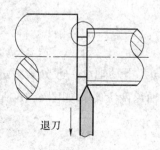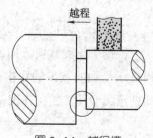

图6-13 退刀槽　　　　　　　图6-14 越程槽

（4）为了减少加工时换刀及装夹工具的时间，同一根轴上所有的圆角半径、倒角尺寸、退刀槽和越程槽的宽度应尽量统一。当轴上有两个以上键槽时，应置于同一条素线上，以便一次装夹后就能加工完成。

§6-2 轴承

在机器中，轴承的功能是支承转动的轴及轴上零件，其性能直接影响机器的性能。因此，轴承是机器的重要组成部分。

根据摩擦性质的不同，轴承分为滚动轴承（见图6-15a）和滑动轴承（见图6-15b）两大类。

a）   b）

图6-15 滚动轴承和滑动轴承
a）滚动轴承 b）滑动轴承

与滑动轴承相比，滚动轴承的特点是启动灵敏，运转时摩擦力矩小，效率高，润滑方便，易于更换，轴承间隙可预紧、调整，但抗冲击能力差。滑动轴承承受载荷的面积大，故其承载能力比滚动轴承强。

滚动轴承是机械设备中应用较广的标准化部件，由专业制造厂批量生产。使用者只需根据工作情况，按标准合理选用。

一、滑动轴承

根据所承受载荷方向的不同，滑动轴承一般分为只承受径向载荷的径向滑动轴承和只承受轴向载荷的止推滑动轴承两大类，如图6-16所示。本节仅对常见的径向滑动轴承类型及其相关知识做简单介绍。

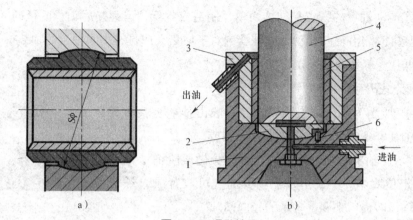

图 6-16　滑动轴承

a）径向滑动轴承　b）止推滑动轴承

1—轴承座　2—止推轴瓦　3—衬套　4—轴　5—径向轴瓦　6—销钉

滑动轴承的主要优点是运转平稳可靠，径向尺寸小，承载能力大，抗冲击能力强，能获得很高的旋转精度，可实现液体润滑以及能在较恶劣的条件下工作。滑动轴承适用于低速、重载或转速特别高、对轴的支承精度要求较高以及径向尺寸受限制的场合。

常见的径向滑动轴承结构有整体式滑动轴承和剖分式滑动轴承两种类型。

1. 整体式滑动轴承

图 6-17 所示为整体式滑动轴承，一般由轴承座、轴瓦和紧定螺钉组成，具体结构如图 6-18 所示。轴承座多用铸铁制成，顶部设有油孔和装油杯的螺纹孔。轴瓦压入轴承座孔内并可用紧定螺钉加以固定，轴瓦内表面开设有油沟。

图 6-17　整体式滑动轴承

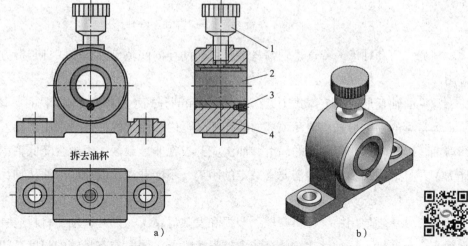

拆去油杯

a）　　　　　　　　　　　b）

图 6-18　整体式滑动轴承的结构

a）结构图　b）实体图

1—油杯　2—整体轴瓦　3—紧定螺钉　4—轴承座

整体式滑动轴承的特点是结构简单、制造成本低，但磨损后轴承的径向间隙无法调整，且装拆时需沿轴向移动轴或轴承，对于质量大或具有中间轴颈的轴装拆不方便。一般用于低速、轻载及间歇工作的场合。

2. 剖分式滑动轴承

图 6-19 所示为剖分式滑动轴承，一般由轴承座、轴承盖、上轴瓦、下轴瓦以及连接螺栓等组成，具体结构如图 6-20 所示。轴承座和轴承盖的接合部分做成阶梯形止口，以便定位对中。上、下轴瓦剖分面处可放置成组垫片，以备轴承磨损后来调整轴承的径向间隙。

图 6-19　剖分式滑动轴承

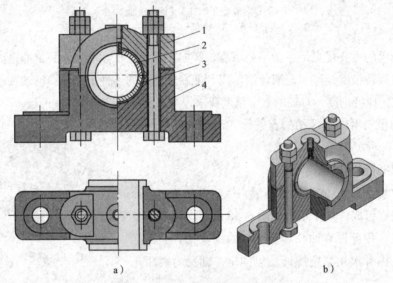

a）　　　　　　　　　　　　　b）

图 6-20　剖分式滑动轴承的结构

a）结构图　b）实体图

1—轴承盖　2—上轴瓦　3—下轴瓦　4—轴承座

剖分式滑动轴承的特点是轴颈与轴瓦之间的径向间隙可以调整，且装拆方便，故应用广泛。

常见的轴瓦形式有整体式（见图 6-21a）和剖分式（见图 6-21b）两种。图 6-21c 所示为常见的油沟形式，轴瓦顶部的油孔和轴瓦内表面上的油沟分别用于导入和分布润滑油，以使轴承获得良好的润滑。油沟应开设在非承载区，否则会降低轴承的承载能力，并且油沟离轴瓦两端需要有一定的距离，不能开通，以免润滑油从轴瓦端部大量流失。

由于轴承在使用中会发生摩擦、磨损和发热等情况，因此，轴瓦材料应具备摩擦因数小，耐磨性、抗蚀性和抗胶合能力较强等性能，同时应有足够的强度、塑性且导热性好。常用的轴瓦材料有轴承合金、铜合金、铸铁及非金属材料等。

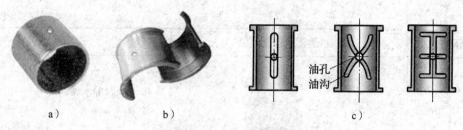

a)   b)   油孔
油沟   c)

图 6-21 轴瓦结构形式
a) 整体式 b) 剖分式 c) 油沟形式

3. 滑动轴承的润滑

为了保证正常工作，减小摩擦，提高效率，延长使用寿命，滑动轴承需要有良好的润滑。滑动轴承可采用的润滑剂有润滑油、润滑脂和固体润滑剂，其中润滑油是主要的润滑剂。对于轻载、高速、低温的场合应选用黏度较小的润滑油，反之应选用黏度较大的润滑油。润滑脂的黏度大，不易流失，适用于低速、载荷大且不需经常加油的场合。

滑动轴承的润滑方式很多，对用于低速、轻载的轴承，可采用间歇式供油润滑，例如用油杯定期加油；对用于高速、重载的轴承必须采取连续供油的润滑方式。滑动轴承常用的润滑方式及装置见表 6-2。

表 6-2 滑动轴承常用的润滑方式及装置

润滑方式	装置示意图	说明
间歇润滑 — 针阀式油杯	手柄 调节螺母 弹簧 油孔 杯体 针阀	用于油润滑 将手柄提至垂直位置，针阀上升，油孔打开供油；将手柄放至水平位置，针阀降回原位，停止供油。旋动调节螺母可调节注油量的大小
旋套式油杯	杯体 旋套	用于油润滑 转动旋套，使旋套孔与杯体注油孔对正时可用油壶或油枪注油。不注油时，旋套壁遮挡杯体注油孔，起密封作用

续表

润滑方式		装置示意图	说明
间歇润滑	压配式油杯	钢球 弹簧 杯体	用于油润滑或脂润滑 将钢球压下可注油。不注油时，钢球在弹簧的作用下，使杯体注油孔封闭
	旋盖式油杯	杯盖 杯体	用于脂润滑 杯盖与杯体采用螺纹连接，使用时在杯体和杯盖中都装满润滑脂，定期旋转杯盖，可将润滑脂挤入轴承内
连续润滑	芯捻式油杯	盖 杯体 接头 芯捻	用于油润滑 杯体中储存润滑油，靠芯捻的毛细作用实现连续润滑。这种润滑方式注油量较小，适用于轻载及轴颈转速不高的场合
	油环润滑	轴颈 油环	用于油润滑 油环套在轴颈上并浸入油池，轴旋转时靠摩擦力带动油环转动，将润滑油带到轴颈处进行润滑。这种润滑方式结构简单，但由于是靠摩擦力带动油环甩油，故轴的转速需适当方能充足供油
	压力润滑	轴颈 油泵 油箱	用于油润滑 利用油泵将具有一定压力的润滑油送入轴承进行润滑。这种润滑方式工作可靠，但结构复杂，对轴承的密封要求高，且费用较高，适用于大型、重载、高速、精密和自动化机械设备

二、滚动轴承的结构与类型

1. 滚动轴承的结构

如图 6-22 所示，滚动轴承由内圈、外圈、保持架和滚动体等组成。滚动轴承的内圈、外圈上做有滚道。滚动体沿滚道滚动，滚道既起导轨的作用，又能限制滚动体的轴向移动，并且改善了滚动体与座圈之间的接触状况。保持架用来隔开两相邻滚动体，以减小它们之间的摩擦。一般情况下，滚动轴承的内圈装在被支承轴的轴颈上，外圈装在轴承座（或机座）孔内。

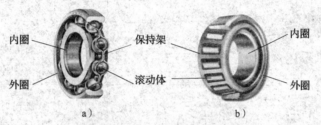

图 6-22 滚动轴承结构
a）球轴承 b）滚子轴承

滚动体是滚动轴承中必不可少的元件，常见的滚动体种类有球、圆柱滚子、圆锥滚子、球面滚子和滚针等，如图 6-23 所示。

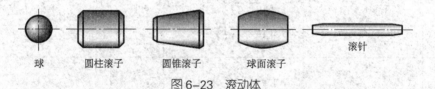

球　　　圆柱滚子　　　圆锥滚子　　　球面滚子　　　滚针

图 6-23 滚动体

2. 滚动轴承的类型

滚动轴承的分类方式很多，按滚动体种类，可分为球轴承和滚子轴承等；按所能承受载荷方向，可分为以承受径向载荷为主的向心轴承和以承受轴向载荷为主的推力轴承两大类。此外，还有按能否自动调心分类等方式。常用的滚动轴承类型和特性见表 6-3。

表 6-3 常用的滚动轴承类型和特性

轴承名称	结构图	简图及承载方向	类型代号	基本特性
调心球轴承			1	主要承受径向载荷，同时可承受少量的双向轴向载荷。外圈内滚道为球面，能自动调心，允许有一定的角偏差，适用于弯曲刚度小的轴

轴承名称		结构图	简图及承载方向	类型代号	基本特性
调心滚子轴承				2	主要用于承受径向载荷，同时能承受少量的双向轴向载荷。其承载能力比调心球轴承大。具有自动调心性能，允许有一定的角偏差，适用于重载和冲击载荷的场合
推力调心滚子轴承				2	能承受很大的轴向载荷和不大的径向载荷，允许有一定的角偏差，适用于重载和要求调心性能好的场合
圆锥滚子轴承				3	能同时承受较大的径向载荷和轴向载荷。内外圈可分离，通常成对使用，对称布置安装
双列深沟球轴承				4	主要承受径向载荷，也能承受一定的双向轴向载荷。它比深沟球轴承的承载能力大
推力球轴承	单向			5（5100）	只能承受单向轴向载荷，适用于轴向载荷大而转速不高的场合
	双向			5（5200）	可承受双向轴向载荷，用于轴向载荷大、转速不高的场合
深沟球轴承				6	主要承受径向载荷，也可同时承受少量双向轴向载荷。摩擦阻力小，极限转速高，结构简单，价格便宜，应用最广泛

续表

轴承名称	结构图	简图及承载方向	类型代号	基本特性
角接触球轴承			7	能同时承受径向载荷与轴向载荷，适用于转速较高，同时承受径向和轴向载荷的场合
推力圆柱滚子轴承			8	能承受很大的单向轴向载荷，承载能力比推力球轴承大得多，不允许有角偏差
圆柱滚子轴承			N	只能承受纯径向载荷。与球轴承相比，承受载荷的能力较大，尤其是承受冲击载荷，但极限转速较低

三、滚动轴承代号的组成及意义

滚动轴承的类型很多，同一类型的轴承又有各种不同的结构、尺寸、公差等级和技术性能。例如较为常用的深沟球轴承，在尺寸方面有大小不同的内径、外径和宽度（见图6-24a），有带防尘盖（见图6-24b）和外圈上有止动槽（见图6-24c）等结构。为了完整地反映滚动轴承的外形尺寸、结构及性能参数等，国家标准在轴承代号中规定了相应的各项目，滚动轴承代号的构成见表6-4。

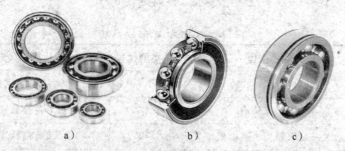

a) b) c)

图6-24 深沟球轴承

a）不同尺寸的轴承 b）带防尘盖的轴承 c）外圈上有止动槽的轴承

表6-4　滚动轴承代号的构成

前置代号	基本代号			后置代号								
				1	2	3	4	5	6	7	8	9
成套轴承分部件代号	类型代号	轴承系列代号		内部结构代号	密封、防尘与外部形状代号	保持架及其材料代号	轴承零件材料代号	公差等级代号	游隙代号	配置代号	振动及噪声代号	其他代号
		尺寸系列代号	内径代号									
		宽度（或高度）系列代号	直径系列代号									

注：国家标准对滚针轴承的基本代号另有规定。

滚动轴承代号由前置代号、基本代号和后置代号三部分构成，其中基本代号是滚动轴承代号的核心。滚动轴承代号的排列次序如下：

前置代号　类型代号　宽度(或高度)系列代号　直径系列代号　内径代号　后置代号

基本代号

1. 基本代号

基本代号表示轴承的基本类型、结构和尺寸，一般由轴承类型代号、尺寸系列代号、内径代号组成。

（1）类型代号

轴承的类型代号由数字或字母表示，具体见表6-5。

表6-5　轴承的类型代号

类型代号	轴承类型	类型代号	轴承类型
0	双列角接触球轴承	6	深沟球轴承
1	调心球轴承	7	角接触球轴承
2	调心滚子轴承和推力调心滚子轴承	8	推力圆柱滚子轴承
3	圆锥滚子轴承	N	圆柱滚子轴承
4	双列深沟球轴承	U	外球面球轴承
5	推力球轴承	QJ	四点接触球轴承

（2）尺寸系列代号

尺寸系列代号由两位数字组成，前一位数字为宽度（或高度）系列代号，后一位数字为直径系列代号。

1）宽度（或高度）系列代号。宽度（或高度）系列代号表示内径、外径相同而宽度（或高度）不同的轴承系列。对于向心轴承用宽度系列代号，代号有 8、0、1、2、3、4、5 和 6，宽度尺寸依次递增；对于推力轴承用高度系列代号，代号有 7、9、1 和 2，高度尺寸依次递增。以圆锥滚子轴承为例的宽度系列示意如图 6-25 所示。

2）直径系列代号。直径系列代号表示内径相同而具有不同外径的轴承系列，代号有 7、8、9、0、1、2、3、4 和 5，其外径尺寸按序由小到大排列。以深沟球轴承为例的直径系列示意如图 6-26 所示。

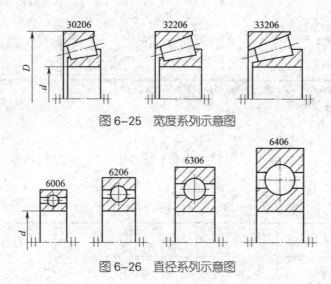

图 6-25 宽度系列示意图

图 6-26 直径系列示意图

 提示

在轴承代号中，轴承类型代号和尺寸系列代号以轴承系列代号的形式表达。在轴承系列代号中，轴承类型代号"0"省略不表示；除 3 类轴承外，尺寸系列代号中的宽度系列代号"0"省略不表示。轴承系列代号中的其他特例参照有关标准。常用轴承的轴承系列代号见表 6-6。

表 6-6 常用轴承的轴承系列代号

轴承类型	类型代号	尺寸系列代号	轴承系列代号	轴承类型	类型代号	尺寸系列代号	轴承系列代号
调心球轴承	1	（0）2	12	深沟球轴承	6	19	619
	（1）	22	22			（1）0	60
	1	（0）3	13			（0）2	62
	（1）	23	23			（0）3	63
						（0）4	64

续表

轴承类型	类型代号	尺寸系列代号	轴承系列代号	轴承类型	类型代号	尺寸系列代号	轴承系列代号
圆锥滚子轴承	3	02 03 13 22 23	302 303 313 322 323	角接触球轴承	7	（1）0 （0）2 （0）3 （0）4	70 72 73 74
推力球轴承	5	11 12 13 22 23	511 512 513 522 523	外圈无挡边圆柱滚子轴承	N	（0）2 22 （0）3 23 （0）4	N2 N22 N3 N23 N4

注：表中（ ）内数字在轴承系列代号中省略不表示。

（3）内径代号

轴承的内径代号一般由两位数字表示，并紧接在尺寸系列代号之后注写。内径 $d \geqslant 10 \, \text{mm}$ 的滚动轴承内径代号见表 6-7。

表 6-7　内径 $d \geqslant 10 \, \text{mm}$ 的滚动轴承内径代号

内径代号（两位数）	00	01	02	03	04 ～ 96
轴承内径 /mm	10	12	15	17	代号 ×5

注：内径为 22、28、32 以及 $\geqslant 500 \, \text{mm}$ 的轴承，内径代号直接用内径毫米数表示，但标注时与尺寸系列代号之间要用"/"分开。例如，深沟球轴承 62/22 的内径 $d=22 \, \text{mm}$。

2. 前置代号和后置代号

前置代号和后置代号是轴承代号的补充代号，只有在轴承的结构形状、尺寸、公差、技术要求等有所改变时才使用，一般情况下可部分或全部省略，其详细内容可查阅相关标准规定。这里仅对后置代号中的部分内容进行介绍。

后置代号用字母（或加数字）表示，置于基本代号的右边并与基本代号间空半个字距（代号中有符号"-""/"时除外），其标写顺序见表 6-4。

（1）公差等级代号

滚动轴承的公差等级代号用"/P+数字（或字母）"表示，数字（或字母）代表公差等级，见表 6-8。

表6-8　公差等级代号

代号	/PN	/P6	/P6X	/P5	/P4	/P2
公差等级	N级	6级	6X级	5级	4级	2级
说明	公差等级符合标准规定的普通级，在轴承代号中省略不表示	公差等级符合标准规定的6级	公差等级符合标准规定的6X级	公差等级符合标准规定的5级	公差等级符合标准规定的4级	公差等级符合标准规定的2级

（2）游隙代号

游隙是指轴承内外圈之间的相对极限移动量。游隙代号用"/C+数字（或字母）"表示，数字（或字母）为游隙组号。游隙组有2、N、3、4、5等，游隙量按顺序由小到大排列。其中，游隙N组为基本游隙，在轴承代号中省略不表示。

提示

轴承的公差等级代号与游隙代号需同时表示时，可用公差等级代号加上游隙组号的组合表示。例如："/P63"表示轴承的公差等级为6级，游隙为3组。

3. 滚动轴承代号示例

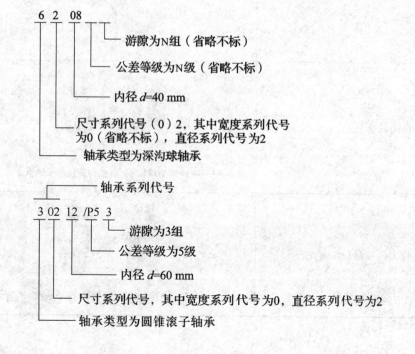

四、滚动轴承类型的选择

滚动轴承类型很多，选用时应综合考虑轴承所受载荷的大小、方向和性质，转速的高低，支承刚度以及结构状况等，尽可能做到经济合理地满足使用要求。

1. 载荷的类型

机器中的转动零件，通常要由轴和轴承来支承。作用在轴承上的载荷按方向不同，可分为作用于垂直轴承轴线方向的径向载荷、作用于平行轴承轴线方向的轴向载荷和同时有径向、轴向作用的联合载荷。

2. 滚动轴承类型的基本选用原则

滚动轴承类型的基本选用原则见表6-9。

表6-9　滚动轴承类型的基本选用原则

应用条件	选用轴承类型示例
以承受径向载荷为主，轴向载荷较小、转速高、运转平稳且无其他特殊要求	深沟球轴承
只承受纯径向载荷，转速低、载荷较大或有冲击	圆柱滚子轴承
只承受纯轴向载荷	推力球轴承　　或　　推力圆柱滚子轴承
同时承受较大的径向和轴向载荷	角接触球轴承　　或　　圆锥滚子轴承

续表

应用条件	选用轴承类型示例
同时承受较大的径向和轴向载荷，但承受的轴向载荷比径向载荷大很多	推力轴承和深沟球轴承的组合
两轴承座孔存在较大的同轴度误差或轴的刚度小、工作中弯曲变形较大	调心球轴承　调心滚子轴承

提示

　　相对来讲，球轴承允许的极限转速较高，而承载能力较差；滚子轴承允许的极限转速较低，但承载能力较强。因此，要求极限转速较高而载荷较小的场合，应选用球轴承；反之，应选用滚子轴承。

　　选择轴承类型时，还要考虑经济性。一般来说，滚子轴承比球轴承的价格要高，角接触轴承比径向接触轴承的价格要高。因此，在能满足使用要求的情况下，应优先选用价格低的轴承。

五、滚动轴承的安装、润滑与密封

　　滚动轴承部件的组合安装，是指把滚动轴承安装到机器中去，与轴、轴承座、润滑及密封装置等组成一个有机的整体。它包括轴承的布置、固定、调整、预紧和配合等方面。另外，在使用过程中为减小摩擦，防止灰尘侵入，也要采取相应的润滑和密封措施。本节只介绍滚动轴承与轴、轴承座（或机座）孔之间的安装固定及其润滑和密封。

1. 滚动轴承的轴向固定

　　一般情况下，滚动轴承的内圈装在被支承轴的轴颈上，外圈装在轴承座（或机座）孔内。滚动轴承安装时，对其内圈、外圈都要进行必要的轴向固定，以防止运转中产生轴向窜动。

　　（1）轴承内圈的轴向固定

　　轴承内圈在轴上通常用轴肩或套筒定位，定位端面与轴线要保持良好的垂直。轴承内圈的轴向固定应根据所受轴向载荷的情况，适当选用轴端挡圈、圆螺母或轴用弹性挡圈等结构。常用的轴承内圈的轴向固定形式见表6-10。

表6-10　常用的轴承内圈的轴向固定形式

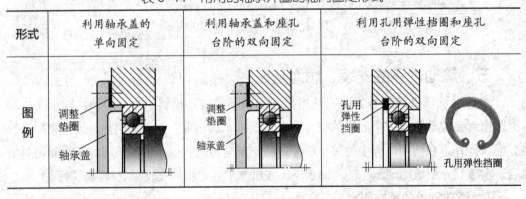

（2）轴承外圈的轴向固定

轴承外圈在机座孔中一般用座孔台阶定位，定位端面与轴线也需保持良好的垂直。轴承外圈的轴向固定可采用轴承盖或孔用弹性挡圈等结构。常用的轴承外圈的轴向固定形式见表6-11。

表6-11　常用的轴承外圈的轴向固定形式

2. 滚动轴承的润滑

滚动轴承润滑的目的在于减小摩擦阻力、降低磨损、缓冲吸振、冷却和防锈。

滚动轴承的润滑剂有液态、固态和半固态三种，液态的润滑剂称为润滑油，半固态的、在常温下呈油膏状的润滑剂称为润滑脂。

（1）脂润滑

润滑脂是一种黏稠的凝胶状材料，润滑膜强度高，能承受较大的载荷，而且不易流失，便于密封和维护，一次充脂可以维持较长时间，无须经常补充或更换。

由于润滑脂不宜在高速条件下工作，故适用于轴颈圆周速度不大于 5 m/s 的滚动轴承润滑。

 提示

> 润滑脂的填充量一般不超过轴承空间的 2/3，以防止摩擦发热过大，影响轴承正常工作。

（2）油润滑

与脂润滑相比较，油润滑用于轴颈圆周速度大和工作温度较高的场合。选用油润滑的关键是根据工作温度、载荷大小、运动速度和结构特点选择合适的润滑油黏度。原则上，温度高、载荷大的场合，润滑油黏度应选大些，反之润滑油黏度可选得小些。油润滑的方式有浸油润滑、滴油润滑和喷雾润滑等。

（3）固体润滑

固体润滑剂有石墨、二硫化钼（MoS_2）等多个品种，一般在重载或高温工作条件下使用。

3. 滚动轴承的密封

密封的目的是防止灰尘、水分、杂质等侵入轴承和阻止润滑剂流失。良好的密封可保证机器正常工作，降低噪声并延长轴承的使用寿命。常用的密封方式有接触式密封和非接触式密封两类。滚动轴承常用密封方式见表 6-12。

表 6-12　滚动轴承常用密封方式

类型		图例	适用场合	说明
接触式密封	毛毡圈密封		脂润滑。要求环境清洁，轴颈圆周速度不大于 5 m/s，工作温度不高于 90 ℃	矩形断面的毛毡圈被安装在梯形槽内，它对轴产生一定的压力而起到密封作用
	皮碗密封		脂润滑或油润滑。轴颈圆周速度小于 7 m/s，工作温度不高于 100 ℃	皮碗（又称油封）是标准件，其主要材料为耐油橡胶。皮碗密封唇朝里，主要防止润滑剂泄漏；密封唇朝外，主要防止灰尘、杂质侵入

类型		图例	适用场合	说明
非接触式密封	间隙密封	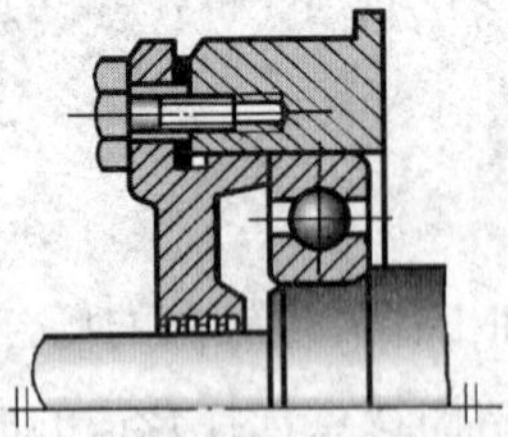	脂润滑。干燥清洁环境	靠轴与轴承盖孔之间的细小间隙密封，间隙越小、密封段越长，效果越好，间隙一般取 0.1～0.3 mm，油沟能增强密封效果
	曲路密封 径向	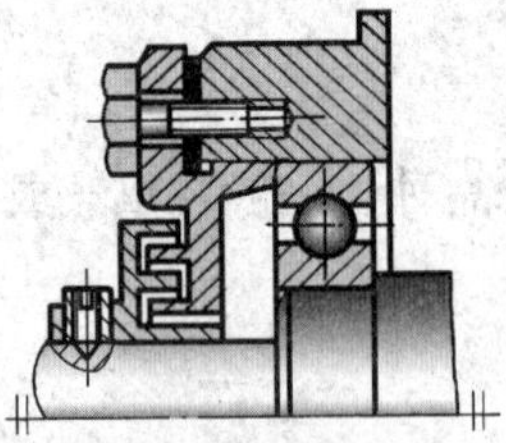	脂润滑或油润滑。密封效果可靠	将旋转件与静止件之间的间隙做成曲路形式，在间隙中充填润滑油或润滑脂，以增强密封效果
	曲路密封 轴向	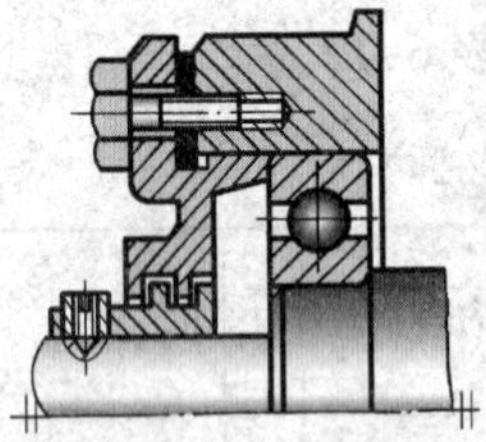		

§6-3　轴毂连接

　　轴与轴上零件（如齿轮、带轮等）是通过轴毂连接结合在一起，来实现周向固定以传递转矩的，常用的有键连接、销连接和过盈连接。

一、键连接

　　键连接主要用来实现轴与轴上零件（如带轮、齿轮等）的周向固定，并传递运动和转矩，如图 6-27 所示。有些类型的键还能实现轴上零件的轴向固定，当轴上零件沿轴向移动时还能起导向作用。

键连接分为松键连接和紧键连接两类，其中松键连接应用较为普遍。常用的松键连接有普通平键连接、导向平键连接、半圆键连接和花键连接等，紧键连接有楔键连接和切向键连接。本节主要介绍松键连接的相关知识。

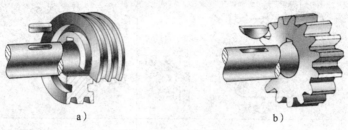

a）　　　　　　　　　b）

图6-27　键连接分解图

a）普通平键连接　b）半圆键连接

1. 松键连接及其常用形式

松键连接是以键的两个侧面为工作面，例如普通平键连接（见图6-28），使用时键装在轴和零件毂孔的键槽内，键的两侧面与键槽侧面紧密接触，借以传递运动和转矩。键的顶面与轮毂槽底之间留有间隙（见图6-28c），装配时不需打紧，不影响轴与轮毂的同轴度。松键连接的特点是以键的两侧面为工作面，对中性好，拆装方便，结构简单，但不能承受轴向力。常用的松键连接见表6-13。

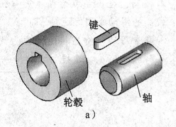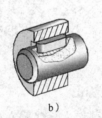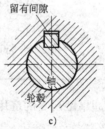

图6-28　普通平键连接示意图

a）分解图　b）装配图　c）断面图

表6-13　常用的松键连接

形式	图例	应用及说明
普通平键连接	A型　B型　C型	用于静连接。适用于高速、高精度和承受变载、冲击的场合 根据键端部形状的不同，有A型（圆头）、B型（方头）和C型（单圆头）三种。其中，A型键在轴键槽中能获得较好的轴向固定，应用较广；C型键多用于轴端

113

续表

形式	图例	应用及说明
导向平键连接		键与轮毂之间采用间隙配合，能实现轴上零件的轴向移动，并起导向作用 键的长度较长，故需用螺钉将键固定在轴上。为了拆卸方便，键的中部设有起键螺孔
半圆键连接		半圆键可绕圆弧槽底摆动，以自动适应毂上键槽的斜度，安装方便。但轴上键槽较深，对轴的强度削弱较大，一般适用于轻载和锥形轴端的连接
花键连接		由轴和毂上沿圆周等距分布的多个键齿相互啮合而成的连接称为花键连接。由于连接的齿数多，接触面大，且齿较浅，对轴的强度削弱较小，因此，花键连接的特点是承载能力大，定心性和沿轴向移动的导向性好，但加工复杂，成本较高，适用于载荷大、定心精度要求较高的滑动或固定连接 最常用的花键连接是键齿两侧面互相平行的矩形花键连接

2. 普通平键尺寸的选用及标记

普通平键的主要尺寸是键宽 b、键高 h 和键长 L（见图6-29）。其中键宽 b 和键高 h 一般根据轴颈尺寸按标准确定，键长 L 应参照标准中的键长系列值，选取略短于轮毂长度的尺寸。

普通平键的标记形式为

标准号　键 键型 × 键宽 × 键高 × 键长

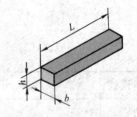

图 6-29 普通平键尺寸

 提示

标准规定，在普通平键标记中 A 型键（圆头）的键型可省略不标，而 B 型键（方头）和 C 型键（单圆头）的键型必须标出。

标记示例：

（1）GB/T 1096　键 16 × 10 × 100

表示键宽为 16 mm，键高为 10 mm，键长为 100 mm 的 A 型普通平键。

（2）GB/T 1096　键 B18 × 11 × 100

表示键宽为 18 mm，键高为 11 mm，键长为 100 mm 的 B 型普通平键。

（3）GB/T 1096　键 C18 × 11 × 100

表示键宽为 18 mm，键高为 11 mm，键长为 100 mm 的 C 型普通平键。

 知识拓展

紧键连接是以键的上下表面为工作面，例如楔键连接（见图 6-30），键的上表面和与之相配合的轮毂键槽底均有 1∶100 的斜度，应用时靠键的上下表面与毂、轴键槽底面挤紧工作。因此，紧键连接能对轴上零件起轴向固定作用，但由于键装配时需要打紧，所以连接的对中性差。

图 6-30　楔键连接

二、销连接

销连接主要用于固定零件之间的相互位置，并能传递少量载荷，有时还可作为安全装置中的过载剪断元件，对机器的其他重要零部件起过载保护作用。

销的形式很多，基本类型有圆柱销和圆锥销两种，它们均有带螺纹和不带螺纹两种形式。销的具体参数已标准化，常用圆柱销和圆锥销的结构、特点及应用见表 6-14。

表 6-14　常用圆柱销和圆锥销的结构、特点及应用

类型	简图	应用图例	特点及应用
圆柱销 （GB/T 119.1—2000、 GB/T 119.2—2000）			主要用于定位，也可用于连接。GB/T 119.1—2000 的直径公差有 m6 和 h8 两种，GB/T 119.2—2000 的直径公差为 m6。常用的定位或连接孔的加工方法有配钻、铰等

续表

类型	简图	应用图例	特点及应用
内螺纹圆柱销（GB/T 120.1—2000）			主要用于定位，也可用于连接。内螺纹供拆卸用。公差带只有 m6 一种，常用的定位或连接孔的加工方法有配钻、铰等
圆锥销（GB/T 117—2000）			有 1:50 的锥度，与相同锥度的铰制孔相配。圆锥销安装方便，主要用于定位，也可用于固定零件、传递动力，多用于经常拆卸的场合。定位精度比圆柱销高，在受横向力时能自锁
内螺纹圆锥销（GB/T 118—2000）			螺孔用于拆卸，可用于不通孔。有 1:50 的锥度，与相同锥度的铰制孔相配。拆装方便，可多次拆装，定位精度比圆柱销高，能自锁
开尾圆锥销（GB/T 877—1986）			有 1:50 的锥度，与相同锥度的铰制孔相配。打入销孔后，末端可稍张开，避免松脱，用于有冲击、振动的场合

提示

　　圆柱销一般利用较小的过盈固定在销孔中，多次拆卸会降低定位精度和可靠性，而圆锥销的定位精度和可靠性较高，并且多次拆卸不会影响定位精度。因此，需要经常装拆的场合不宜采用圆柱销，而应选用圆锥销连接。

　　销起定位作用时一般不承受载荷，并且使用的数目不得少于两个。一般来说，销作为安全销使用时还应有销套及相应结构，详见§6-4中关于安全联轴器的内容。

　　销的材料常用 35 钢或 45 钢，并经热处理达到一定硬度。通常对销孔的精度要求较高，一般需要铰制。

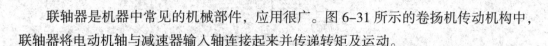

§ 6-4 联轴器

联轴器是机器中常见的机械部件，应用很广。图 6-31 所示的卷扬机传动机构中，联轴器将电动机轴与减速器输入轴连接起来并传递转矩及运动。

减速器　　联轴器　　电动机

图 6-31　卷扬机传动机构

联轴器的功用是连接两轴或轴与回转件，使它们在传递转矩和运动过程中一同回转而不脱开，某些特殊结构的联轴器还具有过载保护作用。

联轴器所连接的两根轴常属于两个不同的部件，由于制造和安装误差，以及工作时受载或受热后机架和其他部件的弹性变形与温差变形等原因，两轴轴线不可避免地要产生相对偏移，偏移形式通常有轴向偏移、径向偏移、角向偏移和组合偏移，如图 6-32 所示。

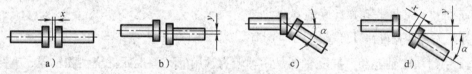

a)　　　　　　　b)　　　　　　　c)　　　　　　　d)

图 6-32　轴线的相对偏移

a）轴向偏移　b）径向偏移　c）角向偏移　d）组合偏移

联轴器按结构和功用的不同可分为刚性联轴器、挠性联轴器和安全联轴器三大类。

一、刚性联轴器

刚性联轴器不具有补偿被连接两轴轴线相对偏移的能力，也不具有缓冲、减振性能，但结构简单，价格便宜，适用于载荷平稳，转速稳定，并且两个被连接轴轴线严格对中的场合。常用的刚性联轴器有凸缘联轴器和套筒联轴器，其结构特点见表 6-15。

表 6-15　常用刚性联轴器的结构特点

种类	图示	特点
凸缘联轴器	 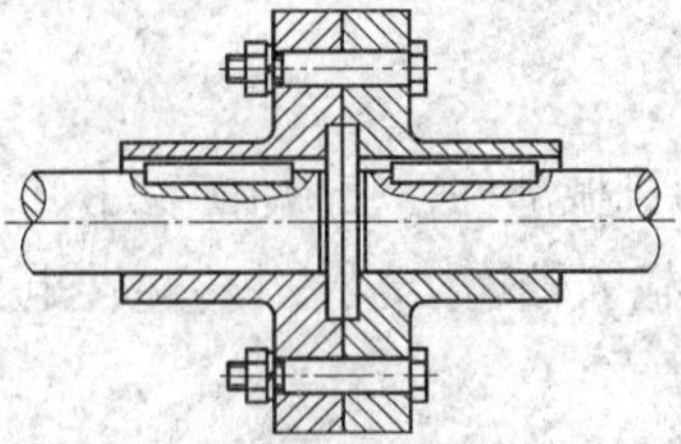 凸缘联轴器 (基本型)	通过铰制孔用螺栓与孔的配合来对中，传递的转矩较大，且装拆时轴不必做轴向移动
	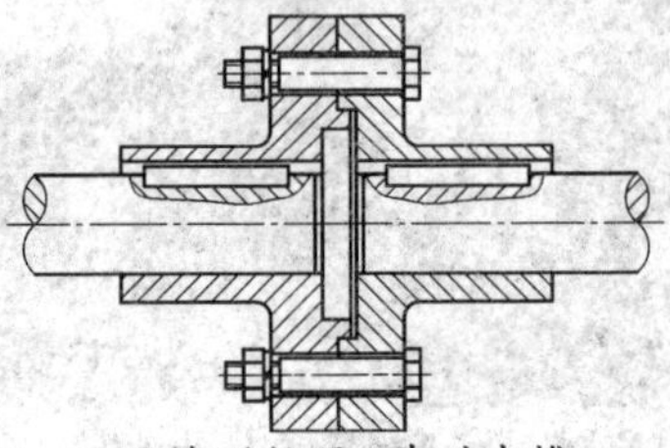 凸缘联轴器 (有对中榫)	利用两个半联轴器分别具有的对中榫的相互嵌合来对中，结构简单，价格便宜，应用较普遍
套筒联轴器	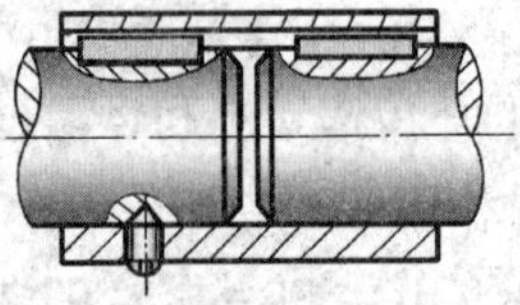 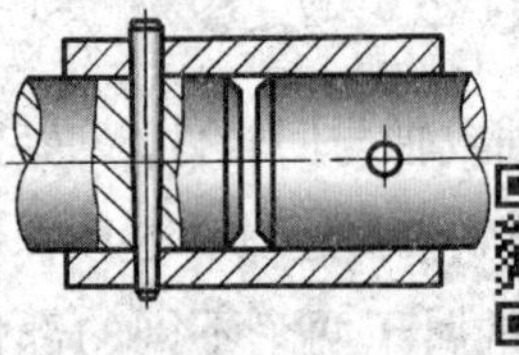 键连接　　　　销连接	结构简单，对中性好，且径向尺寸较小，销连接结构传动能力较小，可起过载保护作用

二、挠性联轴器

挠性联轴器具有一定的补偿被连接两轴轴线相对偏移的能力，这种联轴器分为无弹性元件挠性联轴器和弹性联轴器两类。

1. 无弹性元件挠性联轴器

十字滑块联轴器和万向联轴器是两种较为常用的无弹性元件挠性联轴器，其结构特点和应用见表 6-16。

表 6-16　常用无弹性元件挠性联轴器的结构特点和应用

名称	图示	结构特点	应用
十字滑块联轴器	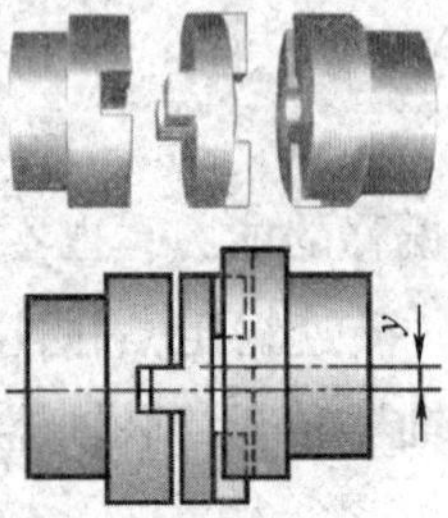	中间滑块的两端面分别制有互相垂直的轴向凸榫。工作时，两凸榫分别嵌入左、右两半联轴器的端面槽中，并可顺槽滑动，以补偿两轴径向位移（见图中 y）	适用于被连接两轴间的相对径向位移较大，且载荷平稳，转速较低的场合在使用中应注意对滑动工作面的润滑

续表

名称	图示	结构特点	应用
万向联轴器	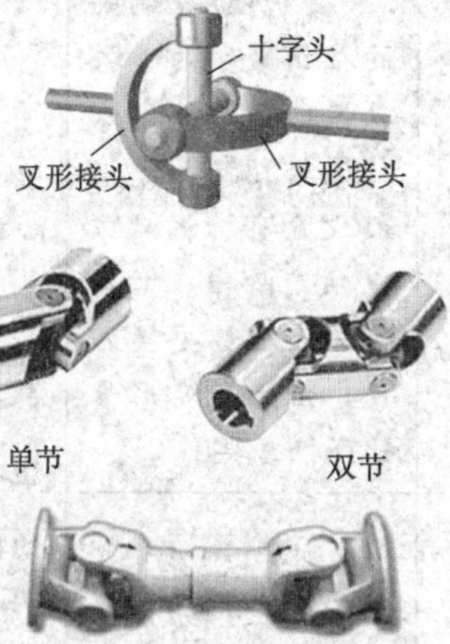 单节　　双节 可伸缩万向联轴器	两个叉形接头和中间的十字头相铰接，两叉形接头的外端分别与主、从动轴相连，能补偿角位移	适用于两相交轴间的传动，两轴交角可达40°～45°。要求主、从动轴同步转动时，可使用双万向联轴器

2. 弹性联轴器

弹性联轴器利用弹性元件的弹性变形来补偿两轴相对偏移，同时能缓冲和吸振。表6-17所列为三种常用的弹性联轴器的结构特点和应用。

三、安全联轴器

具有过载安全保护功能的联轴器称为安全联轴器。如图6-33所示为常用的安全联轴器，这种联轴器在过载时销会被剪断，以避免机器中其他薄弱环节或重要零部件受到损坏。

表6-17　常用弹性联轴器的结构特点和应用

名称	图示	结构特点	应用
弹性套柱销联轴器	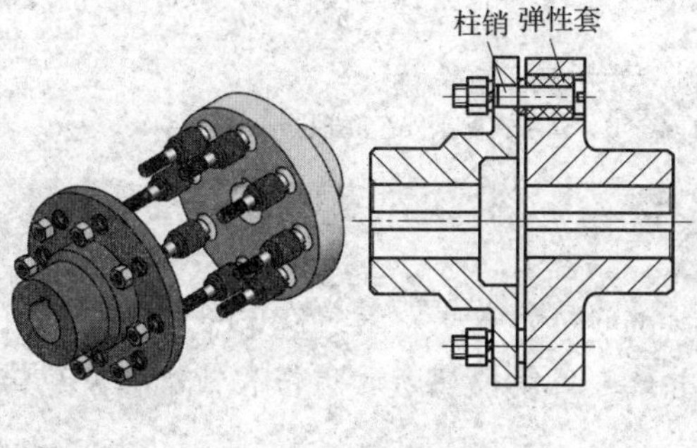 柱销　弹性套	其结构与刚性凸缘联轴器相似，只是用一端带有橡胶弹性套的柱销代替螺栓，利用橡胶套的弹性变形来补偿两轴相对位移和缓冲、吸振，但弹性套易磨损，使用寿命短	适用于轻载、高速、启动频繁或经常变换正反转的传动

续表

名称	图示	结构特点	应用
弹性柱销联轴器	半联轴器　弹性柱销　挡板	将用非金属材料（一般为尼龙）制成的柱销置于两半联轴器的凸缘孔中以传递转矩，凸缘端部设置有挡板以防止柱销滑出。结构简单，柱销更换方便，但弹性变形量比弹性套要小	与同尺寸的弹性套柱销联轴器相比较，传递转矩的能力大，但对偏移量的补偿能力较小
弹性柱销齿式联轴器	弹性柱销 外套和半联轴器结构	弹性柱销分为两列，置于由两个半联轴器和外套组合而成的圆柱形齿槽中，工作时，柱销受剪面为轴向截面，受力情况较好，因此，承载能力较强	适用于轻载、频繁启动或经常变换正反转的传动

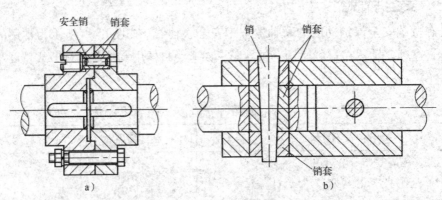

图6-33　安全联轴器

a）凸缘式剪销安全联轴器　b）套筒式剪销安全联轴器

提示

　　为了加强剪销式安全联轴器的剪切效果，通常在受剪销的预定剪断处切有环槽。销套的主要作用是避免销被切断时损伤联轴器和被连接零件的销孔壁。

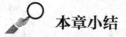

本章小结

1. 本章的重点是轴、轴承、键连接、销连接和联轴器的类型、特点和应用。

2. 轴是组成机器的重要零件。轴的作用主要是支承回转零件，并使其具有确定的工作位置以传递运动和动力。

3. 设计轴的结构时应满足：装在轴上的零件，要能牢固而可靠地相对固定（轴向或周向固定）；要便于加工和减少应力集中；轴上零件要便于装拆。

4. 轴承是支承轴或轴上零件、保持轴线回转精度、减少轴和支承面摩擦和磨损的重要零件。轴承按工作时摩擦性质的不同，可分为滑动轴承和滚动轴承。

5. 常用滑动轴承的结构形式有整体式和剖分式。滚动轴承一般由内圈、外圈、滚动体和保持架组成，其常用的类型有调心球轴承、调心滚子轴承、推力圆柱滚子轴承、圆锥滚子轴承、推力球轴承、深沟球轴承、角接触球轴承、圆柱滚子轴承和滚针轴承等。滚动轴承选用时应考虑承载情况、轴承的转速及某些特殊要求和经济性等方面的因素。

6. 键连接主要用来实现轴与轴上零件的周向固定，并传递运动和转矩。在键连接中，普通平键应用较广；导向平键能实现轴上零件的轴向移动；半圆键安装方便但承载能力低；花键连接适用于载荷大、定心精度要求较高的滑动或固定连接，但加工复杂，成本较高。

7. 销连接可用于定位，并能传递少量载荷，有时还能起过载保护作用。常用的销有圆柱销和圆锥销两种形式，它们分别有带螺纹和不带螺纹两种结构，带螺纹结构的销用于不通孔的连接，内螺纹供拆卸用。圆锥销的定位精度和可靠性较高，并且多次拆卸不会影响定位精度。

8. 常用的联轴器分刚性联轴器、挠性联轴器和安全联轴器三大类，刚性联轴器（见表6-15）不具有补偿被连接两轴轴线相对偏移的能力；挠性联轴器能补偿被连接两轴轴线的相对偏移，一般分为无弹性元件挠性联轴器（见表6-16）和弹性联轴器（见表6-17）两类，其中弹性联轴器还能起缓冲和吸振作用；而安全联轴器具有过载安全保护功能。

第七章
液压传动

液压传动属于流体传动，其工作原理与机械传动有着本质的不同。目前工业设备中已普遍采用液压技术，特别是在机床、工程机械、汽车、船舶等行业得到了广泛应用。如图所示，挖掘机工作臂的移动和消防车云梯的升降都需要很大的动力，你知道这种巨大的力都是靠什么原理产生的吗？

挖掘机

消防车云梯

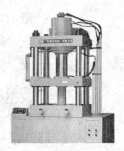
压力机

气动液压千斤顶

手动液压搬运车

液压升降台

本章主要内容

1. 液压传动的概念、组成、工作原理和特点。

2. 液压传动元件的分类、结构、工作原理、特点和应用。

3. 液压基本回路的组成、工作原理、特点和应用实例。

<h1 style="text-align:center">§7-1 概述</h1>

液压传动是以液体为工作介质进行能量转换、传递和控制的传动，又称为流体传动。

一、液压传动的工作原理及组成

图 7-1 所示为机床工作台液压传动系统，它由液压泵、各种控制阀、液压缸、油箱、压力表和管路等组成。图 7-1d 所示为用图形符号表示的机床工作台液压传动系统。

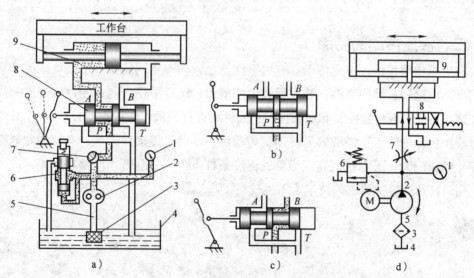

图 7-1 机床工作台液压传动系统
a）工作原理图 b）、c）手动换向阀切换位置 d）用图形符号表示
1—压力表 2—液压泵 3—过滤器 4—油箱 5—输油管
6—溢流阀 7—节流阀 8—手动换向阀 9—液压缸

图 7-1 所示系统工作时，由电动机驱动的液压泵 2 通过过滤器 3 从油箱 4 中吸入液压油，将油液加压后输出到系统管路中。在图 7-1a 所示状态下，液压泵输出的压力油经节流阀 7、手动换向阀 8 进入液压缸 9 的左腔，推动活塞并通过活塞杆带动工作台向右移动，液压缸右腔的油液经换向阀流回油箱。如果将手动换向阀切换至图 7-1b 所示位置，阀芯处于中位，各通路相互截止，工作台停止移动。若将手动换向阀切换至图 7-1c 所示位置，则液压泵输出的油液经换向阀后进入液压缸的右腔，推动活塞使工作台向左移动，此时液压缸左腔的油液经换向阀流回油箱。

提示

在图 7-1 所示液压传动系统中，节流阀可控制系统油液的流量，以调节工作台的移动速度，溢流阀起溢流、稳压和控制系统中最高压力的作用，压力表用于观察系统中压力的大小，过滤器用来防止杂质进入液压传动系统。

由上述传动系统的工作过程可以看出，液压传动系统工作时要实现压力能与机械能之间的转换，其工作原理是利用运动着的压力液体迫使系统内密封容积发生改变来传递运动和动力。

液压传动系统一般由动力元件（液压泵）、执行元件（液压缸）、控制元件（各种控制阀）、辅助元件（油箱、压力表、管道等）和工作介质（液压油）组成。动力元件将原动机输入的机械能转换为油液的压力能，而执行元件是将油液的压力能转换为机械能，以驱动工作机构。

二、液压传动的特点

与机械传动相比，液压传动具有以下优点：在功率相同的条件下，液压传动系统体积小，质量轻，结构紧凑；能获得较大的动力，运行平稳，能方便地实现换向和无级变速，易于实现程序控制和过载保护；元件能自行润滑，使用寿命长。

液压传动的缺点：油液容易泄漏，传动比不准确且传动效率低；系统的性能受温度变化的影响大，不宜在很高或很低的温度条件下工作；制造精度要求较高，成本较高，同时使用和维护要求的技术水平也较高。

提示

液压传动系统的工作介质一般为液压油，其主要成分为矿物油。黏度是反映油液黏性的主要指标，黏度大表明油液运动时的内摩擦力大，油液不易流动。黏度大的油液适用于重载、低速的系统；反之，黏度小的油液流动性好，适用于轻载、高速的系统。

影响油液黏度的主要因素是温度，温度升高会使油液的黏度变小，温度下降会使油液黏度增大。因此，环境温度高时，宜选用黏度较大的油液；环境温度低时，宜选用黏度较小的油液。

三、液压传动系统压力和流量的概念

液压传动系统工作时，利用处于密封容积内运动的压力油进行能量传递。所以，液体的压力和流量是液压传动系统设计、检测和调试的重要参数。

1. 压力的形成及其传递

液体的压力（压强）是指液体或容器壁单位面积上所受的法向力，通常用 p 表示，其法定单位为 Pa（N/m^2），压力值较大时用 kPa 或 MPa。

液压千斤顶是常见的起重装置（见图 7-2），它以体积小、质量轻、携带方便且能获得较大的力，而得到广泛的应用。尤其是在汽车的使用和维修方面，几乎成为必备的维修工具。

液压千斤顶压力的形成以及传递如图 7-3 所示，在两个相互连通的液压缸（密封腔）中充满油液，并且两液压缸内都装有相应的活塞。小活塞 1 的横截面积为 A_1，大活塞 2 的横截面积为 A_2，大活塞上放有重力为 G 的重物。若在小活塞上施加一外力 F_1，系统内的油液受到挤压便产生压力。此时，小液压缸内产生的内压力

$$p_1 = \frac{F_1}{A_1}$$

图 7-2　液压千斤顶

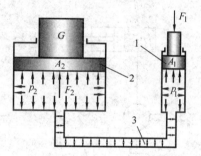

图 7-3　液压千斤顶压力的形成及传递
1—小活塞　2—大活塞　3—连通管

由帕斯卡定律可知，密封容器中的静止流体，在一处受到压力作用时，这个压力可以等值地传递到系统内的所有点上。因此，大液压缸内的压力应与小液压缸内的压力相等，即

$$p_2 = p_1 = \frac{F_1}{A_1}$$

作用在大液压缸活塞上的总推力

$$F_2 = p_2 A_2 = F_1 \frac{A_2}{A_1}$$

设大活塞、小活塞的直径分别为 D、d，则有

$$F_2 = F_1 \frac{A_2}{A_1} = F_1 \frac{\frac{\pi D^2}{4}}{\frac{\pi d^2}{4}} = F_1 \frac{D^2}{d^2}$$

提示

　　由上式可看出，液压千斤顶的增力倍数为大活塞、小活塞直径之比的平方数，若 $D=2d$，则 $F_2=4F_1$；若 $D=3d$，则 $F_2=9F_1$，依次类推。

当作用在大液压缸活塞上的总推力 $F_2<G$ 时，大液压缸活塞不能向上运动，只有继续增大 F_1，使连通缸内的压力增大，直至作用在大液压缸活塞上的总推力 $F_2=G$ 时，才能使大液压缸活塞向上运动，把重物抬起，此时缸内压力不再升高，压力达到最大值。

显然，如果重物很重，即外负载很大，阻碍油液运动的阻力也会很大，系统中的压力必须相应升高才能推动大液压缸活塞运动；反之，如果没有重物，系统内油液运动没有阻力，则系统内就不能产生压力。由此可见，液压传动系统中压力的大小是由外负载决定的，它随负载的变化而变化。

【例7-1】 试分析图7-4所示液压传动系统，当外负载 $F=0$ 或 $F\neq 0$ 时（见图7-4a），系统中液压泵的输出压力为多少？当外负载为一块固定挡铁时（见图7-4b），即 $F\to\infty$ 时，系统中液压泵的输出压力又是多少？

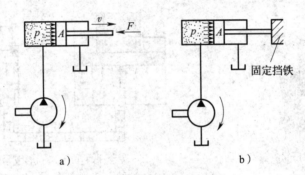

图7-4　液压传动系统中的压力

解：

由公式 $p=\dfrac{F}{A}$ 可得

$$F=0 \text{ 时, } p=0$$

$$F\neq 0 \text{ 时, } p=\frac{F}{A}$$

$$F\to\infty \text{ 时, } p\to\infty$$

由以上结果可进一步印证"液压传动系统内压力的大小取决于外负载"的原理。当外负载趋于无穷大时活塞根本不能运动，若不停止供油，又没有安全措施，液压缸内压力会无限升高直至系统被破坏。

2. 流量与平均流速

单位时间内流过某通流截面的液体体积称为流量，用 Q 表示，单位为 m^3/s 或 L/min，它们之间的换算关系为

$$1 \text{ m}^3/\text{s}=6\times 10^4 \text{ L/min}$$

平均流速是指液体单位时间内在管道（或缸）内的流动距离，用 v 表示，单位为 m/s。

流量和平均流速之间的关系为

$$Q = \frac{体积}{时间} = 面积 \times \frac{流动距离}{时间} = 面积 \times 平均流速$$

即
$$Q = Av$$

式中，Q——管道内液体的流量，m^3/s；

A——管道的横截面积或活塞的横截面积，m^2；

v——管道内液体的平均流速，m/s。

根据质量守恒定律和液体流动的连续性，对流量与平均流速之间关系可得出以下结论（见图7-5）：

（1）在无分支管道内流动的液体，通过管道内任一横截面上的流量都相等，即 $Q_1=Q_2=Q_3$。

（2）液体在无分支管道中流动时，其流速与过流断面的面积成反比，即 $A_1v_1=A_2v_2=A_3v_3$，也就是说，管道截面积小处平均流速大，管道截面积大处平均流速小。

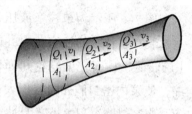

图7-5 液体流动的连续性

（3）液压传动系统一旦组成，其管道（或缸）的截面积就已确定，由 $Q=Av$ 可知，要想调节执行元件的运动速度只需调节流量，且运动速度与系统内的压力大小无关。

【例7-2】图7-3所示连通系统中，小活塞1面积 $A_1=1.2 \times 10^{-4}$ m^2，大活塞2面积 $A_2=9.6 \times 10^{-4}$ m^2，连通管3的截面积 $A_3=0.16 \times 10^{-4}$ m^2。已知小活塞向下移动速度 $v_1=0.2$ m/s，试求大活塞的上升速度 v_2 和油液在连通管3内的流速 v_3。

解：

根据液体在无分支管道内流动的性质可知，在小液压缸、大液压缸及连通管各横截面处的油液流量均相等，即 $Q_1=Q_2=Q_3$，因此有 $A_1v_1=A_2v_2=A_3v_3$，则

大活塞向上运动的速度 v_2 为

$$v_2 = \frac{A_1v_1}{A_2} = \frac{1.2 \times 10^{-4}\,m^2 \times 0.2\,m/s}{9.6 \times 10^{-4}\,m^2} = 0.025\,m/s$$

油液在管道内的流动速度 v_3 为

$$v_3 = \frac{A_1v_1}{A_3} = \frac{1.2 \times 10^{-4}\,m^2 \times 0.2\,m/s}{0.16 \times 10^{-4}\,m^2} = 1.5\,m/s$$

由以上结果可验证，在无分支管道中流动的液体，管道截面积小处的平均流速大，而管道截面积大处的平均流速小。

§7-2 液压泵

液压泵是液压传动系统中的动力元件，它们能将原动机（电动机、内燃机等）输出的机械能转换为液压油的压力能。

一、液压泵基本工作原理

图 7-6 所示为单柱塞液压泵的工作原理图，柱塞 2 装在泵体 3 的柱塞孔内并能自由滑动。偏心轮 1 旋转时，柱塞在偏心轮和弹簧 4 的作用下往复伸缩，使泵内密封腔 a 的容积大小发生周期性交替变化。当密封腔容积由小变大时，泵内形成局部真空，油箱 6 中的油液在大气压作用下经单向阀 5 被吸入泵中而实现吸油；反之，当密封腔容积由大变小时，已吸入的油液受挤压而顶开单向阀 7 输出到系统中而实现压油。如果偏心轮不断地转动，液压泵就会不断地完成吸油和压油动作，实现连续供油。这种依靠密封容积的变化进行工作的泵称为容积泵，工作介质为液体时称为容积式液压泵。

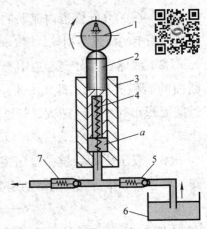

图 7-6　单柱塞液压泵的工作原理图
1—偏心轮　2—柱塞　3—泵体　4—弹簧
5、7—单向阀　6—油箱

容积式液压泵工作的基本条件是：

（1）必须具有大小可变化的密封容积。泵的输油量与密封容积变化的大小及单位时间内变化的次数（变化频率）成正比。

（2）必须具有配流装置。如图 7-6 中的单向阀 5 和 7，它们是液压泵完成吸油或压油的必备装置。

（3）油箱必须与大气相通或保持一定的压力，以保证工作腔形成真空时能吸入油液。

二、液压泵的种类及图形符号

1. 液压泵的种类

液压泵的种类很多，按照结构不同，分为齿轮泵、叶片泵、柱塞泵等；按其输油方向能否改变，分为单向泵和双向泵；按其输出的流量能否调节，分为定量泵和变量泵；按其额定压力高低不同，分为低压泵、中压泵和高压泵等。

2. 液压泵的图形符号

为了方便绘制液压传动系统图,国家标准对液压元件规定了统一的图形符号。液压泵常见的图形符号见表7-1。

表7-1 液压泵常见的图形符号

类型	图形符号	类型	图形符号
单向定量泵		双向定量泵	
单向变量泵		双向变量泵	

提示

选用液压泵时,应以系统中执行元件所需的最大流量和最大工作压力为依据,综合考虑各种因素。确定型号时,要使其铭牌上标定的流量(或排量)和压力均大于系统所要求的液体最大流量和最大压力。泵的铭牌上标出的流量或压力值为额定值。

三、常用液压泵

1. 齿轮泵

齿轮泵有外啮合齿轮泵和内啮合齿轮泵两种结构形式。

图7-7所示为外啮合齿轮泵的工作原理图,它由一对齿数相等的齿轮、泵体、前端盖、后端盖和传动轴等组成,泵体内壁、两端盖和两齿轮的齿槽间形成密封容积,两齿轮的啮合线将密封容积分为互不相通的左、右两个油腔。

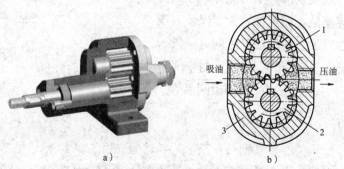

图7-7 外啮合齿轮泵的工作原理图
a)结构图 b)工作原理图
1、2—齿轮 3—泵体

当两齿轮按图示方向转动时，在左腔，轮齿依次脱离啮合，使密封容积不断增大而形成局部真空，油箱内的油液在大气压力作用下经吸油口进入左腔，因此左腔是吸油腔，随着齿轮的转动，吸油腔内的油液被各齿槽带到右腔；在右腔，轮齿依次进入啮合，使密封容积不断减小，油液受挤压从压油口排出，故右腔为压油腔。两齿轮持续转动，液压泵实现连续供油。

 提示

> 齿轮泵压油腔的压力总是高于吸油腔的压力，因此，作用在齿轮轴上的径向液压力不平衡。为减小这种不平衡力，在制造时，使齿轮泵的压油口直径小于吸油口直径，所以齿轮泵的吸油口、压油口不能互换。

齿轮泵属于单向定量泵，其特点是结构简单，易于制造，价格便宜，工作可靠，维护方便，但其每一对轮齿啮合过程中的容积变化是不均匀的，故流量和压力脉动大，而且会产生振动和噪声，因此一般只用于低压轻载系统中。

2. 叶片泵

叶片泵按转子每转吸油和排油次数不同分为单作用叶片泵和双作用叶片泵。

（1）单作用叶片泵

图7-8所示为单作用叶片泵的工作原理图。定子4内表面为圆柱形，定子和转子1之间有一偏心距e，叶片2装在转子槽内并可灵活滑动，位于转子侧面固定的配油盘3上开有一个吸油窗和一个压油窗，分别与吸油口和压油口相通。

转子转动时，由于离心力和叶片根部油液压力的作用，叶片顶端紧贴在定子内表面上，叶片将定子、转子和配油盘所围成的密封容积分割成若干个密封腔。由于偏心距e的存在，转子转动一周，每两相邻叶片间的密封容积会发生增大和减小的一次循环。在吸油区，密封容积逐渐增大，形成局部真空而吸油；在压油区，密封容积逐渐减小而压油。为了保证液压泵正常工作，在吸油区和压油区之间有一段封油区。这种泵转子转动一周，每个密封空间完成一次吸油和一次压油，故称为单作用叶片泵。

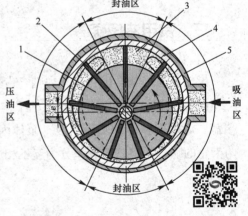

图7-8 单作用叶片泵的工作原理图
1—转子 2—叶片 3—配油盘
4—定子 5—泵体

 提示

> 单作用叶片泵的偏心距e是可调的，调节偏心距的大小可改变泵内密封容积的变化量，进而改变泵的输油量；若改变偏心距的方向，可使吸油区和压油区的方位互换，即可改变泵的输油方向。

单作用叶片泵可作为单向变量泵，也可作为双向变量泵。由于转子受到压油腔单向作用的压力，径向受力不平衡，所以工作压力不宜过高。

（2）双作用叶片泵

图7-9所示为双作用叶片泵的工作原理图。双作用叶片泵与单作用叶片泵结构的不同之处在于双作用叶片泵的转子与定子中心重合，定子内表面近似椭圆形，由两段长圆弧、两段短圆弧和四段过渡曲线组成，而且配油盘上对称地开有两个吸油窗和两个压油窗，分别与吸油口和压油口相通。

转子按图示方向转动时，叶片在离心力和叶片根部油液压力的作用下紧靠在定子内表面上。当两叶片间的密封腔进入 A 区后，密封容积逐渐加大，形成局部真空，通过吸油窗将油液吸入；密封腔进入 B 区后，密封容积逐渐减小，将油液

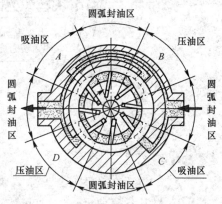

图7-9　双作用叶片泵的工作原理图

从压油窗压出。随着转子的转动，密封腔在 C 区和 D 区重复 A 区和 B 区的过程，分别进行吸油和压油。转子旋转一周，每个密封腔完成两次吸油和两次压油，因此这种液压泵称为双作用叶片泵。

双作用叶片泵的转子与定子同轴，流量不能调节，属于定量泵。这种泵的两个吸油窗和两个压油窗分别对称于转子中心分布，转子受力平衡，适用于中压液压传动系统。

与齿轮泵相比，叶片泵的特点是流量均匀、运转平稳、噪声小，但由于叶片泵的运动零件间的间隙小，所以对油的过滤要求较高，结构较复杂，价格较高。

3. 柱塞泵

柱塞泵按柱塞的排列方式不同分为轴向柱塞泵和径向柱塞泵两类。

（1）轴向柱塞泵

图7-10所示为柱塞轴线与传动轴轴线平行的轴向柱塞泵的工作原理图。斜盘1和配油盘10固定不动，斜盘法线与泵体轴线有交角 α。泵体7由传动轴9带动旋转，内套筒4在弹簧6的作用下，通过压板3使柱塞5头部的滑履2紧靠在斜盘上，外套筒8在弹簧6的作用下，使泵体7与配油盘10紧密接触，起密封作用。在配油盘10上开有环状吸、压油窗口。

当传动轴9带动泵体7按图7-10所示方向旋转时，在前半周内，柱塞逐渐向外伸出，柱塞与泵体孔内的密封容积逐渐增大，形成局部真空，通过配油盘的吸油窗口吸油；泵体在后半周时，柱塞在斜盘斜面作用下，逐渐被压入柱塞孔内，密封容积逐渐减小，通过配油盘的压油窗口压油。泵体每转一转，每个柱塞往复运动一次，完成吸、压油各一次。

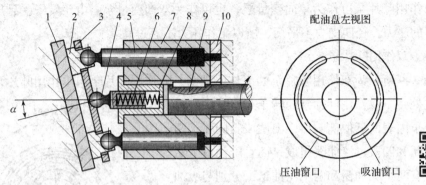

图 7-10　轴向柱塞泵的工作原理图

1—斜盘　2—滑履　3—压板　4—内套筒　5—柱塞　6—弹簧　7—泵体　8—外套筒　9—传动轴　10—配油盘

 提示

> 对于轴向柱塞泵，改变斜盘倾角 α 的大小，就能改变柱塞往复运动行程的大小，从而改变泵的流量；改变斜盘的倾斜方向，可以改变泵吸油口、压油口的位置。

（2）径向柱塞泵

图 7-11a 所示为径向柱塞泵的工作原理图。柱塞 1 装在转子 2 的径向孔内，衬套 3 与转子孔紧固连接并可随之一起绕配流轴 5 转动，配流轴固定不动并与定子 4 偏心安装，偏心距为 e。

转子按图示方向转动时，柱塞在离心力的作用下，其头部与定子内表面紧密接触，在 $0 \sim \pi$ 之间，柱塞逐渐伸出，柱塞孔内的密封容积增大，形成真空，通过配流轴的吸油口吸油；在 $\pi \sim 2\pi$ 之间，柱塞被定子内表面逐渐压回，柱塞孔内的密封容积减小，将油液通过配流轴的压油口压出。转子连续转动，吸油、压油过程不断重复。

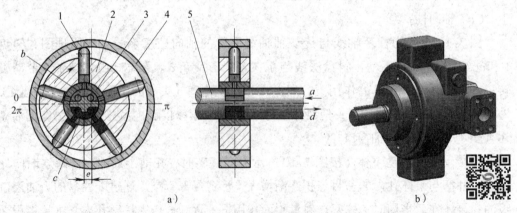

a)　　　　　　　　　　　　　　　　　b)

图 7-11　径向柱塞泵

a）工作原理图　b）外形图

1—柱塞　2—转子（缸体）　3—衬套　4—定子　5—配流轴

提示

对于径向柱塞泵，调节转子偏心距 e 的大小，可以改变泵的输油量；若改变偏心距的方向，则可改变泵的输油方向。

轴向柱塞泵和径向柱塞泵均可用作单向变量泵或双向变量泵。柱塞泵效率一般较高，输出压力可以较大，多用于高压液压传动系统。

§7-3 液压缸

液压缸是液压传动系统中的执行元件，它的作用是将液体的压力能转换为机械能。液压缸的种类很多，按结构特点的不同分为活塞式、柱塞式以及摆动式三大类。本节只介绍在液压传动系统中应用最广泛的活塞式液压缸。

活塞式液压缸有双作用双杆液压缸和双作用单杆液压缸两种结构形式，如图 7-12 所示。

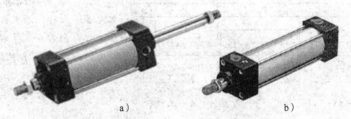

a) b)

图 7-12 活塞式液压缸

a) 双作用双杆液压缸 b) 双作用单杆液压缸

一、双作用双杆液压缸

双作用双杆液压缸在活塞两端都有活塞杆伸出，如图 7-13a 所示，图中 A、B 分别为压力油的进口、出口，图 7-13b 为双作用双杆液压缸的图形符号。

双作用双杆液压缸两端的活塞杆直径通常是相等的，因此它的左、右两腔的有效面积也相等。双作用双杆液压缸的特点是当交替进入液压缸两腔的液体压力 p 和流量 Q 不变时，液压缸在左、右两个方向上产生的推力 F 和运动速度 v 分别相等。

双作用双杆液压缸按固定方式不同有缸体固定和活塞杆固定两种，其工作原理和应用特点见表 7-2。

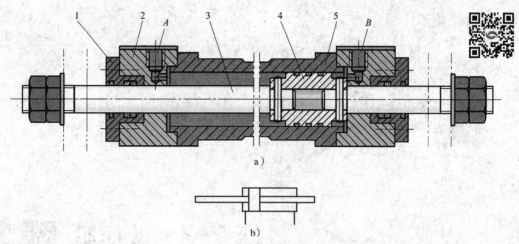

图7-13　双作用双杆液压缸

a）结构图　b）图形符号

1—导向套　2—缸盖　3—活塞杆　4—活塞　5—缸体

表7-2　双作用双杆液压缸工作原理和应用特点

固定方式	图示	工作原理	应用特点
缸体固定	v_1 ← v_2 → 4　F_1 ← F_2 → 1　2　3 L　A　L　B　L 1—缸体　2—活塞　3—活塞杆　4—工作台	活塞通过活塞杆带动工作台移动。压力油从缸左腔进入时，活塞推动工作台向右运动，右腔内的油排出；而当压力油从缸右腔进入时，活塞推动工作台向左运动，左腔内的油排出	工作台运动范围为液压缸有效行程L的三倍　适用于有效行程较短的中小型设备
活塞杆固定	v_1 → v_2 ←　F_1 → F_2 ← A　B L　L	缸体与工作台相连。此结构的活塞杆是空心的，压力油从左端活塞杆孔进入缸左腔时，推动缸体并带动工作台向左运动，右腔内的油经右端活塞杆孔排出；而当压力油从右端活塞杆孔进入缸右腔时，推动缸体并带动工作台向右运动，左腔内的油经左端活塞杆孔排出	工作台运动范围为液压缸有效行程L的两倍　适用于有效行程较长的大中型设备

二、双作用单杆液压缸

双作用单杆液压缸的活塞只有一端带活塞杆，如图 7-14a 所示，图中 A、B 分别为压力油的进口、出口。图 7-14b 所示为双作用单杆液压缸的运动范围，图 7-14c 所示为双作用单杆液压缸的图形符号。

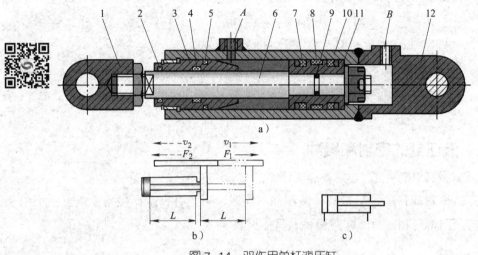

图 7-14 双作用单杆液压缸

a）结构图 b）运动范围 c）图形符号

1—耳环 2、4、5、7、8、9—密封圈 3—缸盖（兼导向套） 6—活塞杆 10—缸筒 11—活塞 12—缸底

由于双作用单杆液压缸左、右两腔的有效面积不相等，因此其特点是当交替进入缸两腔的液体压力 p 和流量 Q 不变时，液压缸在左、右两个方向上输出的推力 F 不相等（$F_1>F_2$），往复运动速度 v 也不相等（$v_1<v_2$），并且活塞杆直径越大，这种差别也越大。双作用单杆液压缸的这种特点常用于实现机床的工作进给和快速退回，以缩短空回行程时间，提高生产效率。

双作用单杆液压缸也有缸体固定和活塞杆固定两种形式，但它们的工作台移动范围都是液压缸有效行程的两倍，如图 7-14b 所示。

 提示

双作用单杆液压缸可做差动连接。使压力油同时进入液压缸的左、右两腔（见图 7-15），由于活塞两端的有效面积不等，作用于活塞两端的液压作用力也不相等（$F_1>F_2$），存在推力差 $F_3=F_1-F_2$，在此推力差的作用下活塞向有杆腔方向（右）运动，获得差动速度 v_3，此速度 v_3 大于非差动连接时的速度 v_1，因

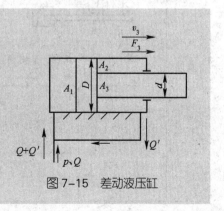

图 7-15 差动液压缸

而可以获得快速运动。由于从液压缸有杆腔排出的油液 Q' 进入无杆腔，无杆腔得到的总流量为 $Q+Q'$，因为 $Q'=A_2v_3$，而 $Q+Q'=A_1v_3$，所以 $A_1v_3=Q+Q'=Q+A_2v_3$，有 $v_3=\dfrac{Q}{A_1-A_2}=\dfrac{Q}{A_3}$。由此可见，差动连接时活塞的运动速度 v_3 与活塞杆的截面积 A_3 成反比，即

$$v_3=Q/A_3$$

式中，v_3——活塞的差动速度，m/s；

Q——输入液压缸的流量，m^3/s；

A_3——活塞杆的截面积，m^2。

三、液压缸的密封和缓冲

1. 液压缸的密封

液压缸密封的目的是尽量减少液压油的泄漏，阻止有害杂质侵入系统。常用的密封方法有间隙密封和密封圈密封两种，具体见表 7-3。

表 7-3 液压缸的密封

种类	图示	结构及特点	应用
间隙密封	1—缸体 2—活塞	依靠相对运动的配合表面之间的微小间隙来防止泄漏，活塞上开有若干个环形小槽，以减小活塞运动时的摩擦并增强密封效果 结构简单，运动摩擦小，润滑性能好，但密封性能差，对加工精度要求较高	密封效果与间隙大小、间隙前后压力差大小、配合表面长度及加工精度状况有关 适用于尺寸较小、压力较低及运动速度较高活塞的密封
密封圈密封	1、4—端盖 2—活塞 3—缸体 a—动密封 b—静密封	密封圈一般由耐油、耐压橡胶制成，通过受压后的弹性变形来实现密封	密封圈是标准件，使用方便，密封可靠 可用于动密封或静密封，能在各种压力下工作，应用极为普遍
常用密封圈	O形密封圈 Y形密封圈 V形密封圈（支承环 密封环 压环）		

2. 液压缸的缓冲

液压缸通常设有缓冲装置。这是为了防止活塞运动到行程末端时，由于惯性力的作用与缸盖发生撞击，从而引起振动和噪声，甚至损坏液压缸。一般是在缸体内设置缓冲结构，也可在缸体外设置缓冲回路，以确保活塞在行程末端的平稳过渡，使系统正常工作。

如图7-16所示为常用的缓冲结构，它由活塞凸台1和缸盖凹槽2构成。当活塞运动接近行程末端时，凸台将凹槽内液体的回流通道关小，被封在凹槽内的油液被压缩，只能从小缝隙挤出，从而产生较大的阻力，对活塞形成制动效果，达到缓冲的目的。

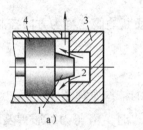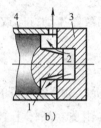

图7-16 缓冲结构
a）锥台式 b）三角槽式
1—活塞凸台 2—缸盖凹槽 3—缸盖 4—活塞

四、液压缸的排气装置

液压传动系统在安装过程中会带入空气，并且油液中也会混有空气。由于气体有很大的可压缩性，因此会使液压缸的运动出现振动、爬行和前冲等现象，影响系统的正常工作。在设计时，一般是利用空气较轻的特点，在液压缸的最高处设置吸油口、压油口，以便把气体带走。对于运动平稳性要求较高的液压缸，常在液压缸的最高处设置专门的排气装置，如排气塞、排气阀等。

如图7-17所示为常用的排气塞结构。液压缸需要排气时，拧松排气塞螺钉，使活塞全行程空载往返数次，空气便通过锥面间隙经排气小孔排出。排气完毕，再拧紧排气塞螺钉，使液压缸进入正常工作状态。

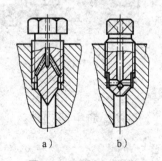

图7-17 排气塞结构
a）斜孔式 b）直孔式

§7-4 液压控制阀

液压控制阀是液压传动系统的控制元件，用以控制和调节系统中液体的压力、流量和流动方向，以保证液压传动系统的设计要求。

液压控制阀根据其功能不同，一般分为方向控制阀、压力控制阀和流量控制阀三大类。

一、方向控制阀

系统中用以控制液体流动方向或液体通断的阀，称为方向控制阀，其中包括单向阀和换向阀。

1. 单向阀

如图 7-18a、b 所示为两种普通单向阀的结构原理图，它们的结构基本相同，主要由阀体、阀芯和弹簧组成。液体由 P 口流入时，液压力克服弹簧的弹力，顶开阀芯，从 A 口流出。液体反向流动时，阀芯在弹簧力和液压力的作用下压紧在阀口上，封住通道，液体不能反向流动。这种阀使液体只能沿一个方向流动，所以称为单向阀，也称为止回阀。弹簧主要用于阀芯的复位，为了减小液体流过时的压力损失，单向阀中的弹簧一般较软。单向阀的图形符号如图 7-18c 所示。

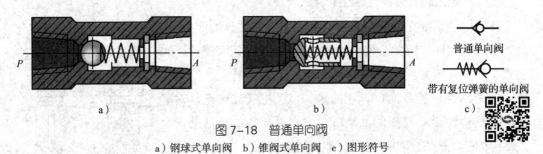

图 7-18 普通单向阀
a）钢球式单向阀 b）锥阀式单向阀 c）图形符号

除普通单向阀外，常用的单向型控制阀还有液控单向阀，其结构及工作原理见表 7-4。

2. 换向阀

换向阀的作用是改变液体的流动方向，接通或关闭通路，以达到控制执行元件运动方向或启动、停止的目的。

换向阀按结构不同一般分为滑阀式和转阀式两种。在液压传动系统的实际应用中，滑阀式换向阀远比转阀式换向阀用得广泛，本章所述的换向阀均为滑阀式换向阀。

表 7-4 液控单向阀的结构及工作原理

类型	结构图	图形符号	工作原理
液控单向阀	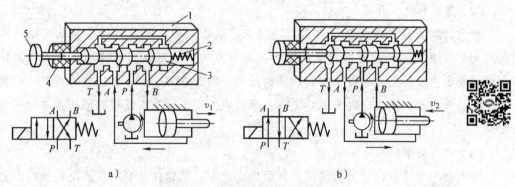1—活塞 2—活塞杆 3—阀芯 4—阀体 5—弹簧		阀体上有控制口 K、泄油口 T、油口 A 和油口 B。当控制口 K 不通控制压力油时，其功能与普通单向阀相同，主通道的压力油只能从 A 口进入，从 B 口流出，不能反向流动。当控制口 K 接通控制压力油时，活塞 1 左侧受压力油作用而右移，活塞杆 2 将阀芯 3 顶开，连通 A、B 两油口，主通道的油液可以双向流动

（1）换向阀的结构和工作原理

如图 7-19 所示，二位四通电磁换向阀由阀体 1、复位弹簧 2、阀芯 3、电磁铁 4 和衔铁 5 组成。阀芯能在阀体孔内自由滑动，阀芯和阀体孔都开有若干段环形槽，阀体孔内的每段环形槽都有孔道与外部相应阀口相通。

图 7-19 电磁换向阀的结构原理图
a）电磁铁不通电状态 b）电磁铁通电状态
1—阀体 2—复位弹簧 3—阀芯 4—电磁铁 5—衔铁

图 7-19a 所示为电磁铁不通电状态，换向阀在复位弹簧作用下处于常态位，通口 P 与 B 接通，通口 A 与 T 接通，液压泵输出的压力油经通口 P、B 进入活塞缸的左腔，推动活塞以速度 v_1 向右移动，缸右腔内的油液经另外两通口 A、T 流回油箱。当电磁铁通电时，如图 7-19b 所示，衔铁被吸合并将阀芯推至右端，换向阀左位接入系统，液压泵输出的压力油经换向阀通口 P、A 进入活塞缸右腔，推动活塞以速度 v_2 向左移

动，缸左腔内的油液经通口 B、T 流回油箱。

总而言之，换向阀的工作原理是通过改变阀芯在阀体中的位置，使阀体上各通口的连通方式发生变化，进而控制液体的通断和流向。

（2）换向阀的分类及图形符号

换向阀的类型较多，其结构、控制方式和图形符号各不相同。如图 7-20 所示为三位四通电磁换向阀。

a）   b）

图 7-20　三位四通电磁换向阀

a）外形图　b）图形符号

 **知识拓展**

电磁换向阀的主要性能

（1）压力损失

电磁换向阀的开口很小，故液流流过阀口时会产生较大的压力损失。

（2）换向和复位时间

换向时间是指从电磁铁通电到阀芯换向终止的时间；复位时间是指从电磁铁断电到阀芯恢复到初始位置的时间。减小换向和复位时间可提高机构的工作效率，但会引起液压冲击。交流电磁换向阀的换向时间一般为 0.03~0.05 s，换向冲击较大；而直流电磁换向阀的换向时间为 0.1~0.3 s，换向冲击较小。通常复位时间比换向时间稍长。

（3）换向频率

换向频率是指单位时间内阀所允许的换向次数。目前，单电磁铁的电磁换向阀的换向频率一般为 60 次 /min，双电磁铁的电磁换向阀的换向频率是单电磁铁电磁换向阀的两倍。

换向阀按其阀芯工作位置数目不同分二位、三位或多位换向阀，按其阀体上的通口数分二通、三通、四通或多通换向阀，按控制阀芯移动的方式分手动、机动、液动、电动、电液动换向阀等。换向阀位、通的表达方式见表 7-5，换向阀阀口标志见表 7-6，常用控制方式的图形符号见表 7-7，换向阀图形符号示例见表 7-8。

表7-5　换向阀位、通的表达方式

项目	图例			说明
位	二位		三位	"位"是指阀芯的切换工作位置数，用方格表示
位与通	二位二通（常开）	二位三通	二位四通	"通"是指阀的通路口数，即箭头"↑"或封闭符号"⊥"与方格的交点数　三位阀的中格、二位阀画有弹簧的一格为阀的常态位。常态位应绘制出外部连接油口（方格外的短竖线）
	二位五通	三位四通	三位五通	

提示

换向阀的图形符号中，箭头表示液体流动通路，封闭符号"⊥"表示该通路不通。

在液压传动系统图中，换向阀的图形符号与系统的连接一般应画在常态位上。

表7-6　换向阀阀口标志

压力液体进口	液压回油口	连接执行元件的工作口
P	T	A, B

表7-7　常用控制方式的图形符号

控制方式	推压控制	顶杆控制	滚轮控制	单作用电磁铁控制	液压控制
图形符号					

表7-8　换向阀图形符号示例

名称	二位三通手动换向阀	二位三通电磁换向阀	三位四通液动换向阀	二位三通滚轮换向阀
图形符号				

提示

　　就电磁换向阀图形符号来讲，不论哪端电磁铁通电，都是靠近它的换向阀工位接入系统工作；若三位电磁换向阀两端的电磁铁都不通电，则其中位接入系统工作。

（3）三位换向阀的中位机能

　　对于三位换向阀，当阀芯处于中位时，阀体上各通口可以设计成不同的连通方式。把换向阀阀芯处于中间位置时各通口的连通方式称为中位机能。中位机能不同，阀的中位对系统的控制性能就不同。三位四通换向阀常用的中位机能见表7-9。

表7-9　三位四通换向阀常用的中位机能

类型	结构简图	图形符号	特点
O型			液压缸闭锁，液压泵不卸荷。启动平稳，制动时有冲击，换向位置精度高
H型			液压缸活塞呈浮动状态，液压泵卸荷。启动时有冲击，制动比O型阀平稳，换向位置变动大
Y型			液压缸活塞呈浮动状态，液压泵不卸荷。启动时有冲击，制动性能介于O型阀与H型阀之间
P型			压力油进口与液压缸两腔相通，回油口封闭，液压泵不卸荷，可组成差动连接。启动、制动和换向平稳性较好
M型			液压缸闭锁，液压泵卸荷。启动平稳，制动时有冲击，换向位置精度高

二、压力控制阀

在液压传动系统中，用来控制液体压力高低或利用压力变化实现某种动作的控制阀称为压力控制阀，简称压力阀。这类阀的种类很多，按其用途不同分为溢流阀、减压阀、顺序阀和压力继电器等。它们一般都是利用液体压力与弹簧力相平衡这一基本原理进行工作的。

1. 溢流阀

溢流阀是液压传动系统中必不可少的控制元件，其作用主要有两方面：一是起溢流和保持系统（或回路）压力稳定的作用；二是防止系统过载，起安全保护作用（又称安全阀）。

溢流阀按工作原理不同分直动式和先导式两种。

（1）直动式溢流阀

图 7-21 所示为直动式溢流阀，由阀体 1、阀芯 2（阀芯可以为锥形、球形或圆柱形）、调压弹簧 3、调压螺钉 4 组成。压力油进口 P 与系统相连，油液溢出口 T 通油箱。P 口中来自系统的压力油压力不高时，由于阀芯受调压弹簧作用将阀口堵住，油液不能溢出；当进油口压力升高超过溢流阀的调定压力时，液压力将阀芯向上推起，压力油进入阀口后经 T 口流回油箱，使进口处的压力不再升高。溢流阀工作时，阀芯随着系统压力的变化而上下移动，以此维持系统压力基本稳定，并对系统起安全保护作用。旋动调压螺钉可调节调压弹簧的预紧力，以改变溢流阀的调定压力。图 7-21c 所示为直动式溢流阀的图形符号。

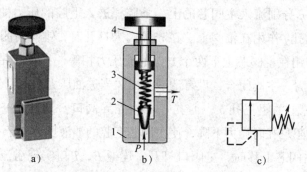

图 7-21　直动式溢流阀

a）外形图　b）原理图　c）图形符号

1—阀体　2—阀芯　3—调压弹簧　4—调压螺钉

直动式溢流阀的特点是结构简单，制造容易，但它是利用油液压力直接与弹簧力相平衡工作的，若系统所需油液压力较高，就要求弹簧的刚度要高。当溢流量大时，阀口开度就大，弹簧的压缩量随之增加，使阀所控制的压力波动幅度增大。因此，该阀只适用于低压、流量不大的系统。

（2）先导式溢流阀

图 7-22 所示为先导式溢流阀，该阀分为主阀 I 和先导阀 II 两部分（见图 7-22a）。先导阀的阀芯是锥阀，用于控制压力。主阀阀芯是滑阀，用于控制流量。结构中通口 P 为压力油进口，通口 T 为油液溢出口，通口 K 为远程控制口，孔 b 为阻尼孔。图 7-22b 为先导式溢流阀的图形符号。

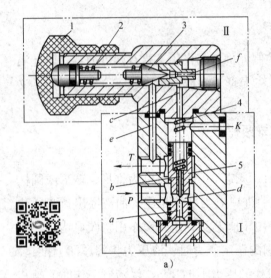
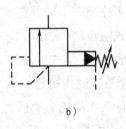

图 7-22　先导式溢流阀
a）结构图　b）图形符号
1—调压螺母　2—调压弹簧　3—锥阀　4—主阀弹簧　5—主阀芯

先导式溢流阀工作时，来自系统的压力油进入 P 口后，经主阀芯上的径向孔 d 和阻尼孔 b、轴心孔 a 分别流入主阀芯的上、下腔。进入上腔的压力油经通孔 c 到达先导阀右腔，再经通孔 f 作用在锥阀上。在先导阀未打开时，锥阀封闭住阀口，阀腔中没有油液流动，作用在主阀芯上下两个方向的液压力相等，主阀芯在主阀弹簧 4 的作用下处于最下端位置，主阀闭合，没有油液溢出。当进油压力增大到使先导阀打开时，压力油通过主阀芯上的阻尼孔 b→通孔 c、f→先导阀口→通孔 e→溢流口 T 流回油箱。由于油液过阻尼孔时压力下降，使主阀芯上腔的油液压力小于下腔的油液压力。当此压差足以使主阀芯上移时，主阀口打开，连通 P、T 口实现溢流，使系统压力不超过设定压力并维持压力基本稳定。旋动调压螺母，调节调压弹簧的预紧力，可改变溢流阀的调定压力。

提示

先导式溢流阀的溢流压力（即调定压力）通过调节先导部分的调压弹簧来控制，而主阀弹簧起主阀芯复位和压力平衡作用，因此主阀弹簧可做得很软，即使溢流量较大而引起弹簧压缩量增大，仍能保持较好的恒压性能。

与直动式溢流阀相比，先导式溢流阀具有压力稳定性好、灵敏度高、溢流量大等优点，广泛应用于中压液压传动系统。

 知识拓展

溢流阀应用举例

（1）溢流稳压

图7-23a所示为一定量泵供油系统，执行机构油路上并联了一个溢流阀，起溢流稳压作用。在系统正常工作的情况下，溢流阀阀口是常开的，进入液压缸的流量由节流阀调节，系统压力由溢流阀调节并保持恒定。

（2）过载保护

图7-23b所示为一变量泵供油系统，执行机构油路上并联了一个溢流阀，起防止系统过载的安全保护作用，故又称安全阀。此阀阀口在系统正常工作情况下是常闭的。在此系统中，液压缸需要的流量由变量泵本身调节，系统中没有多余的油液，系统的工作压力取决于负载的大小。只有当系统压力超过溢流阀的调定压力时，溢流阀阀口才打开，使油溢回油箱，保证系统的安全。

（3）远程调压

图7-23c所示为在先导式溢流阀的外控口处连接一远程调压阀（即一直动式溢流阀）。这相当于阀2除自身先导阀外，又加接了一个先导阀。调节阀1便可对阀2实现远程调压。显然，远程调压阀1所能调节的最高压力不得超过溢流阀2自身先导阀的调定压力。

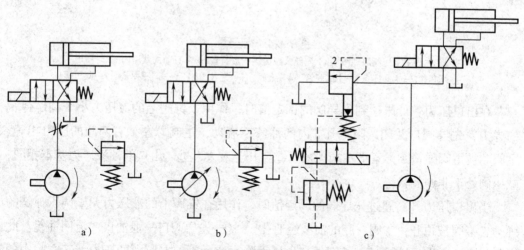

a）溢流稳压　　b）过载保护　　c）远程调压

图7-23　溢流阀的应用
a）溢流稳压　b）过载保护　c）远程调压

2. 减压阀

减压阀在系统中起减压作用，它能使系统中的某部分或某分支获得比动力源的供油压力低的稳定压力。减压阀分直动式和先导式两种，液压传动系统中多用先导式减压阀。

图7-24a所示为先导式减压阀的原理图，该阀分主阀和先导阀两部分，它们分别由主阀芯1、主阀体2、主阀弹簧3和锥阀（先导阀芯）4、先导阀体5、调压弹簧6、调压螺母7等组成。结构中f为减压缝隙，b为阻尼孔，A为进油口，B为出油口，T为泄油口。压力为p_1的高压油液由A口进入主阀，经减压缝隙f后，压力降至p_2的低压油液从B口流出，送往执行元件。同时，出口处的部分低压油液经主阀芯1的轴心孔a和阻尼孔b分别进入主阀芯的左、右两腔。进入主阀芯右腔的低压油液再经过通孔c、d作用在锥阀4上并与调压弹簧6相平衡，以此控制出口压力的稳定。

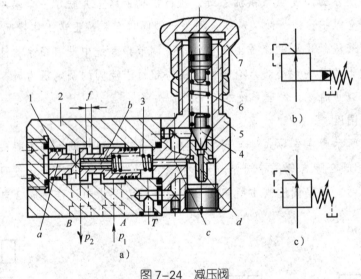

图 7-24 减压阀

a）先导式减压阀原理图 b）先导式减压阀图形符号 c）直动式减压阀图形符号
1—主阀芯 2—主阀体 3—主阀弹簧 4—锥阀 5—先导阀体 6—调压弹簧 7—调压螺母

在出口压力较低未达到先导阀的调定值时，作用于锥阀上的液压力小于调压弹簧的弹力，先导阀口关闭，阻尼孔b内的油液不流动，主阀芯左、右两腔的压力相等。主阀芯被主阀弹簧3推至最左端，减压缝隙开至最大，进、出口的油液压力基本相同，减压阀处于非调节状态。

当出口压力升高超过先导阀的调定值时，作用在锥阀上的液压力大于调压弹簧的弹力，锥阀被顶开，主阀右腔的油液经通孔c、d→先导阀口→泄油口T流回油箱。此时阻尼孔b中有油液流过，其两端产生压力降，使主阀芯左腔中的压力大于右腔中的压力，当此压力差足以克服摩擦力以及主阀弹簧的弹力而推动主阀芯右移时，减压缝

隙 f 减小，流阻增大，油液流过缝隙的压力损失也增大，从而使出口压力降低，直至出口压力恢复为调定压力。减压阀出口压力的大小可通过调压弹簧 6 进行调节。先导式减压阀的图形符号如图 7-24b 所示，直动式减压阀的图形符号如图 7-24c 所示。

3. 顺序阀

顺序阀是利用系统内压力的变化对执行元件的动作顺序进行自动控制的阀。在顺序阀进口处的液体压力未达到阀的调定压力时，其出口没有液体流出；当进口压力达到调定压力时，阀口开启，将所在通道接通，使回路中的执行元件动作。按结构和工作原理不同，顺序阀分为直动式和先导式两类，一般多使用直动式顺序阀。

图 7-25a 所示为直动式顺序阀的结构，图 7-25d 所示为先导式顺序阀的结构，图 7-25b、c 分别为它们的图形符号。图示结构中 A 为进油口，B 为出油口，T 为泄油口。

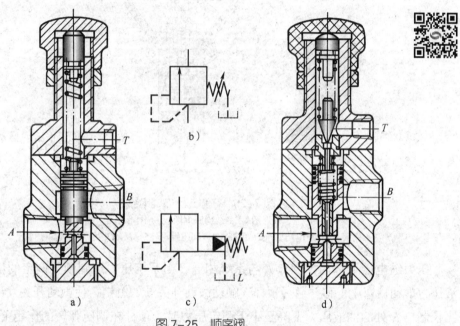

a) b) c) d)

图 7-25 顺序阀

a）直动式顺序阀的结构　b）直动式顺序阀的图形符号
c）先导式顺序阀的图形符号　d）先导式顺序阀的结构

 提示

　　直动式、先导式顺序阀与直动式、先导式溢流阀的结构大体相似，工作原理也基本相同，其主要区别在于溢流阀的出油口接油箱，而顺序阀的出油口与压力油路相通，以驱动阀后的执行元件，因此顺序阀的泄油口需单独接油箱。此外，为了使执行元件准确地实现顺序动作，顺序阀调压弹簧的刚度要小。顺序阀开启后，其进、出油口的油液压力基本相同。

4．压力继电器

压力继电器是一种将液压信号转变为电信号的转换元件。当控制液体压力达到调定值时，它能自动接通或断开有关电路，使相应的电气元件动作（如电磁铁、中间继电器等），以实现系统的预定程序及安全保护。

一般压力继电器都是通过压力和位移的转换使微动开关动作，借以实现其控制功能的。常用的压力继电器有柱塞式、膜片式、弹簧管式和波纹管式等结构形式，其中以柱塞式压力继电器最常用，如图 7-26 所示。

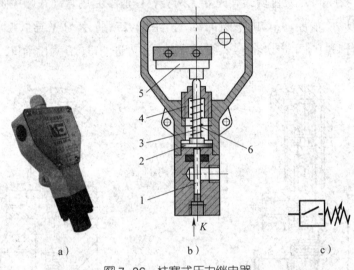

a）　　　　　　　　　　b）　　　　　　　　　　c）

图 7-26　柱塞式压力继电器
a）外形图　b）结构原理图　c）图形符号
1—柱塞　2—限位挡块　3—顶杆　4—调压螺母　5—微动开关　6—调压弹簧

压力继电器下部的控制口 K 与系统相通，当系统压力达到预先调定的压力值时，液压力推动柱塞 1 上移并通过顶杆 3 触动微动开关 5 的触销，使微动开关发出电信号。当控制口 K 处的油液压力下降至小于调定压力时，顶杆在调压弹簧的作用下复位，微动开关的触销复位，微动开关发出复位电信号。限位挡块 2 可在系统压力超高时对微动开关起保护作用。

三、流量控制阀

流量控制阀靠改变节流口的通流截面积来调节液体流经阀口的流量，以控制执行元件的运动速度。

常见的节流口形式有针阀式、偏心槽式、轴向三角槽式和轴向缝隙式，如图 7-27 所示。这些节流口利用阀芯做轴向移动或绕轴线转动来改变阀通流截面积的大小，以调节流量。

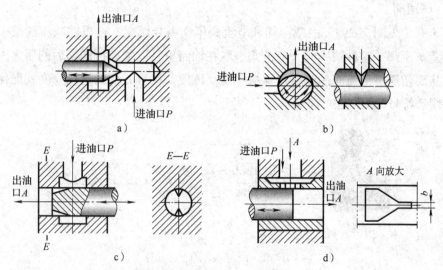

图 7-27 常见的节流口形式

a）针阀式 b）偏心槽式 c）轴向三角槽式 d）轴向缝隙式

常用的流量控制阀有节流阀和调速阀等。

1. 节流阀

节流阀是结构最简单、应用最普遍的一种流量控制阀。如图 7-28 所示，它是借助控制机构使阀芯相对于阀体孔移动，以改变阀口的通流截面积，从而调节输出流量。

油液在经过节流口时会产生较大的液阻，而且通流截面积越小，油液受到的液阻就越大，通过阀口的流量就越小。所以，改变节流口的通流截面积，使液阻发生变化，就可以调节流量的大小，这就是节流阀的工作原理。拧动节流阀上方的调压手柄，可以使阀芯做轴向移动，从而改变阀口的通流截面积，使通过节流口的流量得到调节。图 7-28c 所示为节流阀的图形符号。

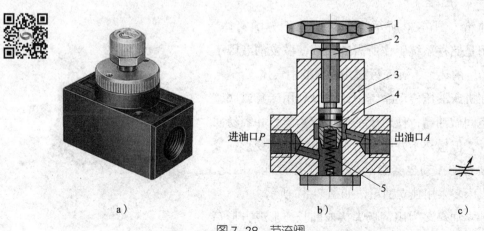

图 7-28 节流阀

a）外形图 b）结构原理图 c）图形符号

1—调压手柄 2—锁紧螺母 3—阀体 4—阀芯 5—弹簧

2．调速阀

调速阀（见图 7-29a）由减压阀和节流阀串联组合而成，这里的减压阀是一种直动式定差减压阀，这种减压阀和节流阀串联在油路里可以使节流阀前后的压力差保持不变，从而使通过节流阀的流量也保持不变。因此，执行元件的运动速度就能保持稳定。其图形符号如图 7-29c 所示。

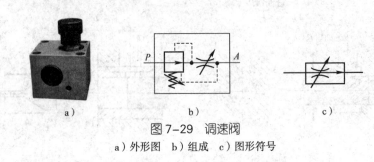

a）　　　　　　　　b）　　　　　　　　c）

图 7-29　调速阀

a）外形图　b）组成　c）图形符号

§7-5　辅助装置

在液压传动系统中，除了动力元件、执行元件和控制元件外，还需有一些必要的辅助装置，以保证系统的正常工作。

液压传动系统的辅助装置包括油箱、过滤器、压力表及管件等。

一、油箱

油箱（图 7-30 所示小型液压站下方的箱体）的作用是储存系统工作所需的油液，散发油液因工作而产生的热量，沉淀污物并逸出油中气体。

在机床液压传动系统中，可以利用床身或底座内的空间做油箱，使机床结构比较紧凑，并容易回收漏油，但散热不好时容易引起机床的热变形，液压泵装置的振动也会影响机床的工作性能。因此，精密机床多采用独立油箱，如图 7-31 所示。

独立油箱多为用钢板焊接成的长方形或方形箱体。箱壁在满足强度和刚度的前提下尽量选用较薄的材料，以利于散热。箱底及箱盖可适当加厚。

油箱

图 7-30　小型液压站

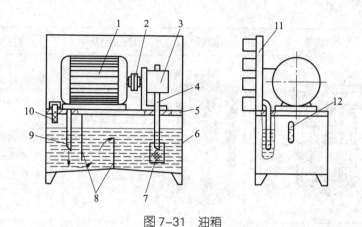

图 7-31 油箱

1—电动机 2—联轴器 3—液压泵 4—吸油管 5—盖板 6—油箱体 7—过滤器
8—隔板 9—回油管 10—加油口 11—控制阀连接板 12—液位计

设计和选择油箱时，要求油箱必须具有足够的容积，同时结构应尽可能紧凑。

二、过滤器

液压传动系统使用的油液中不可避免地存在颗粒状固体杂质，这些杂质会划伤液压元件中的运动接合面，加剧液压元件中运动零件的磨损，也可能堵塞小孔、阀口或卡死运动件，使系统发生故障。因此，在系统工作时要用过滤器将油液中的杂质过滤掉，保证系统正常工作。

过滤器按其工作时所能过滤的颗粒大小不同，可分为粗过滤器和精过滤器两大类；按其滤芯的材料和过滤方式不同，可分为网式过滤器、线隙式过滤器、烧结式过滤器和纸芯式过滤器等。常用过滤器的结构、特点和应用见表 7-10。过滤器的图形符号如图 7-32 所示。

过滤器可以安装在液压泵的吸油管路上或液压泵的输出管路上以及重要元件的前面。通常情况下，泵的吸油口装粗过滤器，泵的输出管路上与重要元件之前装精过滤器。

表 7-10 常用过滤器的结构、特点和应用

形式	结构图	滤芯	滤芯结构	特点和应用
网式过滤器	支承筒　滤网		由金属或塑料圆筒制成，外包一层或两层铜丝网	结构简单，通油能力大，但过滤精度低，一般用作粗过滤器。通常安装在液压泵的吸油口处，过滤进入液压泵油液中的杂质

续表

形式	结构图	滤芯	滤芯结构	特点和应用
线隙式过滤器	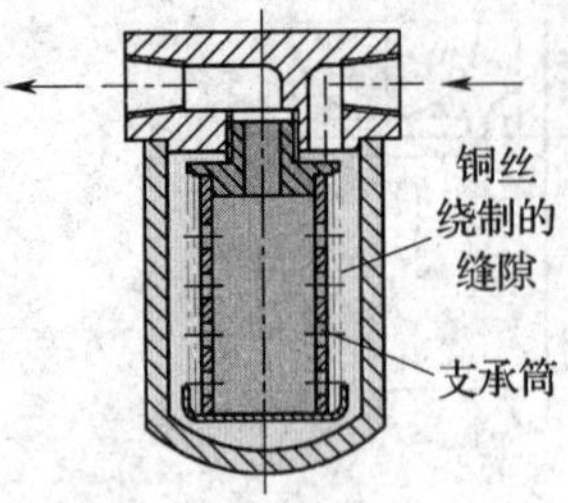 铜丝绕制的缝隙 支承筒	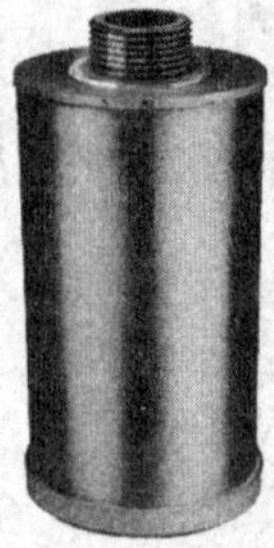	滤芯是用铜线或铝线在滤架上绕制而成，它依靠线之间的微小间隙来过滤杂质	结构简单，过滤效果较好，但不易清洗，一般用于中、低压系统。大多安装在液压泵后面，以保证液压控制元件和执行元件的用油清洁
烧结式过滤器	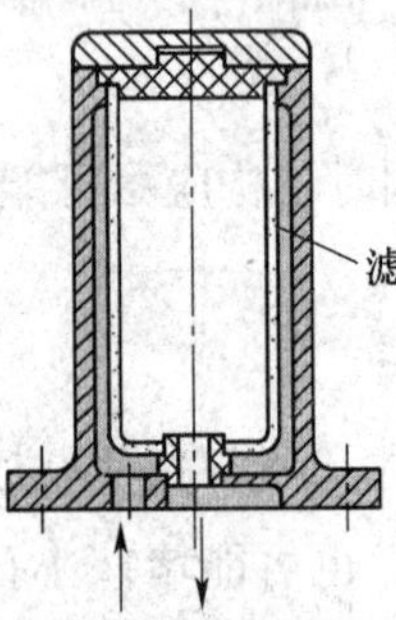 滤芯		滤芯用青铜粉末烧结成一定的形状（如杯状、管状等），依靠颗粒间的间隙滤油	过滤精度高，耐高温，抗腐蚀，制造简单，滤芯强度大，是一种使用较广的精过滤器。其缺点是通油能力较低，压力损失较大，易堵塞，难于清洗。用于过滤质量要求较高的系统
纸芯式过滤器	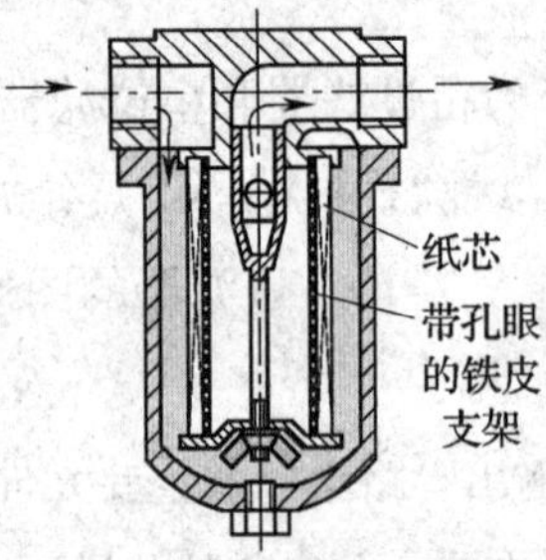 纸芯 带孔眼的铁皮支架		滤芯用微孔滤纸做成，装在壳体内使用	过滤精度高，但易堵塞，无法清洗，需要经常更换纸芯。可作精过滤器使用，一般和其他过滤器配合使用

三、压力表

压力表用于显示系统中的压力，如图 7-33a 所示。图 7-33b 所示为常用弹簧管式压力表的结构原理图，图中 C 形弹簧管 1 的开口端与表下端的进油口相连通，封闭端为自由端。压力油进入弹簧管后，管内压力增大使管产生伸张变形，封闭端向外偏移，通过连杆 6 拉动扇形齿轮 5 做逆时针转动，再由扇形齿轮带动小齿轮 4 和指针 2 做顺时针偏转，这样就能从刻度盘 3 上读出相应的压力值。如图 7-33c 所示为压力表的图形符号。

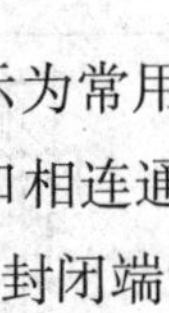

图 7-32　过滤器图形符号

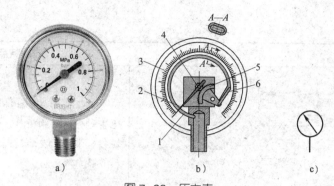

图 7-33 压力表

a）外形图 b）结构原理图 c）图形符号

1—C 形弹簧管 2—指针 3—刻度盘 4—小齿轮 5—扇形齿轮 6—连杆

说明

压力有两种表示方法，即绝对压力和相对压力。绝对压力是以绝对真空为基准进行度量的压力，而相对压力是以大气压为基准进行度量的压力。一般来说，仪表显示的压力均为相对压力。

四、油管和管接头

油管是连接液压泵、液压缸及各类液压控制阀的通道。液压传动系统中使用的油管有钢管、铜管、橡胶管、塑料管和尼龙管等。钢管的强度大、刚性好，液压传动系统的高压部位应采用钢管；纯铜管装配时易弯曲成各种形状，但承载能力低，且易使油液氧化；橡胶管适用于有相对运动部件之间的输油连接。

油管之间或油管与其他液压元件之间靠管接头连接，常用的管接头形式见表 7-11。

表 7-11 常用的管接头形式

类型	示意图	应用特点
锥端密封焊接式管接头	1—接管 2—螺母 3—O 形密封圈 4—接头体	接管与管子焊接。旋转螺母使接管外锥表面和其上的 O 形密封圈与接头体内的内锥表面紧密配合。其特点是密封可靠、抗振能力强，但装卸接头不方便，可用于油、气介质
卡套式管接头	1—钢管 2—卡套 3—螺母 4—接头体	旋紧螺母前，将卡套和螺母套在钢管上，并将钢管插入接头体的孔内，由于接头体和螺母的内锥表面作用，使卡套卡在钢管壁上。其特点是质量轻，体积小，使用方便，但对管子的尺寸精度要求较高。适用于油、气等管路系统

类型	示意图	应用特点
扩口式管接头	1—管子 2—管套 3—螺母 4—接头体	利用管子端部扩口进行密封，不需其他密封件。结构简单，适用于薄壁管件连接。常用于以油、气为介质的中、低压管路系统
扣压式液压软管接头	1—软管 2—接头体 3—压套 4—螺母 5—密封圈	密封可靠，结构紧凑，安装方便。软管接头可与扣压式或焊接式接头连接。工作压力与软管的钢丝增强层结构和橡胶软管直径有关。适用于油、气等管路系统

§7-6　液压基本回路

液压传动系统不论如何复杂，都是由一些基本回路所组成的。所谓基本回路，是指由相关元件组成的具有某一特定功能的典型回路。常用的基本回路按功能不同分为方向控制回路、压力控制回路、速度控制回路和顺序动作控制回路四大类。

一、方向控制回路

在液压传动系统中，控制执行元件的启动、停止（包括锁紧）及换向的回路称为方向控制回路。常见的方向控制回路有换向回路和锁紧回路。

1. 换向回路

执行元件的换向，一般可采用各种换向阀来实现。根据执行元件换向的要求不同，可以采用二位四通或五通、三位四通或五通等各种控制类型的换向阀进行换向。目前，电磁换向阀的换向回路应用最为广泛，尤其是在自动化程度要求较高的组合机床液压传动系统中被广泛采用。

如图7-34所示为采用二位四通电磁换向阀的换向回路，它可以实现双作用单杆缸的换向。电磁铁通电时，换向阀左位工作，压力油进入液压缸左腔，推动活塞杆向右移动；电磁铁断电时，换向阀右位工作，压力油进入液压缸右腔，推动活塞杆向左移动。

如图 7-35 所示为采用三位四通手动换向阀的换向回路，它可以实现双作用单杆缸的换向。当换向阀左位工作时，活塞杆伸出；当换向阀右位工作时，活塞杆缩回；当换向阀处于中位时，活塞被锁紧。

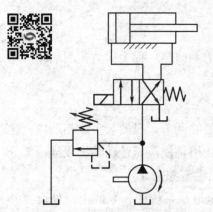

图 7-34 采用二位四通电磁换向阀的换向回路

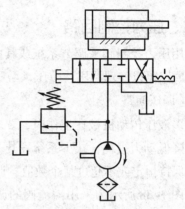

图 7-35 采用三位四通手动换向阀的换向回路

2. 锁紧回路

为了使执行元件能在任意位置停留以及在停止工作时防止在受力的情况下发生移动，可以采用锁紧回路。

如图 7-36 所示为采用 O 型中位机能的三位四通电磁换向阀的锁紧回路。当阀芯处于中位时，液压缸的进、出口都被封闭，可以将液压缸锁紧。这种锁紧回路由于受到滑阀泄漏的影响，锁紧效果较差。

如图 7-37 所示为采用液控单向阀的锁紧回路。当三位四通电磁换向阀两端的电磁铁都断电时，中位接入系统，其四个通口均通油箱，液控单向阀 1、2 闭合，使液压缸

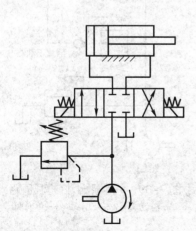

图 7-36 采用 O 型中位机能的三位四通电磁换向阀的锁紧回路

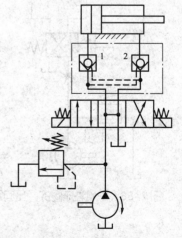

图 7-37 采用液控单向阀的锁紧回路
1、2—液控单向阀

锁紧，活塞不能运动。若换向阀左侧电磁铁通电，换向阀左位接入系统，液压泵输出的压力油经单向阀 1 进入液压缸左腔，同时将液控单向阀 2 打开，液压缸右腔的回油经液控单向阀 2 及换向阀流回油箱，实现活塞向右运动；同理，换向阀右位接入系统时，活塞向左运动。这种锁紧回路因液控单向阀的密封性好而锁紧效果较好。

二、压力控制回路

利用压力控制阀来调节系统或其中某一部分压力的回路，称为压力控制回路。压力控制回路可以实现调压、减压、增压及卸荷等功能。

1. 调压回路

很多液压传动机械在工作时，要求系统的压力能够调节，以便与负载相适应，这样才能降低动力损耗，减少系统发热。调压回路的功用是使液压传动系统或某一部分的压力保持恒定或不超过某个数值。调压功能主要由溢流阀完成。

如图 7-38 所示为采用溢流阀的调压回路。在定量泵系统中，泵的出口处设置并联的溢流阀来控制系统的最高压力，其工作原理在介绍溢流阀时已有详述。

2. 减压回路

在定量泵供油的液压传动系统中，溢流阀按主系统的工作压力进行调定。若系统中某个执行元件或某条支路所需要的工作压力低于溢流阀所调定的主系统压力时，就要采用减压回路。减压回路的功用是使系统中某一部分油路具有较低的稳定压力。减压功能主要由减压阀实现。

如图 7-39 所示为采用减压阀的减压回路。回路中单向阀 3 的作用是防止主油路压力降低（低于减压阀 2 的调定压力）时油液倒流，即起短时保压作用。

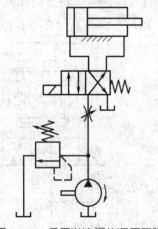

图 7-38　采用溢流阀的调压回路

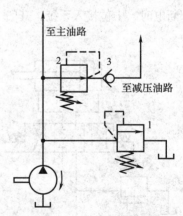

图 7-39　采用减压阀的减压回路
1—溢流阀　2—减压阀　3—单向阀

3. 增压回路

增压回路的功用是使系统中的局部油路或某个执行元件得到比主系统压力高得多

的压力。采用增压回路比选用高压大流量泵要经济得多。

如图7-40所示为采用增压液压缸的增压回路。增压液压缸由大、小两个液压缸组成，大、小两个活塞用一个活塞杆连接。当系统处于图示位置时，压力为p_1的油液进入增压液压缸的大活塞腔，此时在小活塞腔即可得到压力为p_2的高压油液，增压的倍数等于增压液压缸大小活塞的工作面积之比。当二位四通电磁换向阀右位接入系统时，增压液压缸的活塞返回，补充油箱中的油液经单向阀补入小活塞腔。这种回路只能间断增压。

4. 卸荷回路

当液压传动系统中的执行元件停止工作时，应使液压泵卸荷。卸荷回路的功用是避免液压泵驱动电动机频繁启闭，让液压泵在接近零压的情况下运转，以减少功率损失和系统发热，延长液压泵和电动机的使用寿命。

卸荷回路有许多方式，如图7-41所示为二位二通换向阀构成的卸荷回路。

利用三位四通换向阀的M型（或H型）中位机能也可使液压泵卸荷，如图7-42所示。

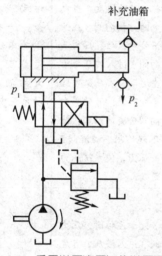

图7-40 采用增压液压缸的增压回路

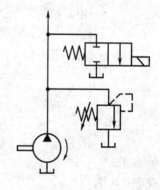

图7-41 二位二通换向阀构成的卸荷回路

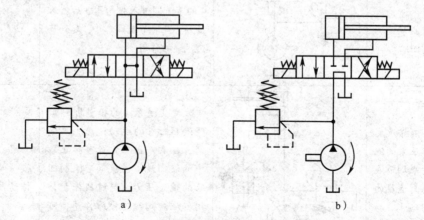

图7-42 三位四通换向阀构成的卸荷回路
a）使用H型换向阀 b）使用M型换向阀

三、速度控制回路

控制执行元件运动速度的回路称为速度控制回路。常见的有调速回路和速度换接回路。

1. 调速回路

调速回路就是用于调节工作行程速度的回路。其常用类型及应用特点见表7–12。

表7–12　调速回路常用类型及应用特点

类型	概念	回路图	工作过程	应用特点
进油节流调速回路	将节流阀串联在液压泵与液压缸之间，即构成进油节流调速回路		当电磁换向阀3通电处于左位时，压力油通过单向节流阀4的节流阀，进入液压缸5的左腔，活塞向右运动。通过调节节流阀的通流面积，就可以调节油路中压力油的流量，从而调节液压缸5的活塞向右运动的速度。当电磁换向阀断电时，换向阀3在弹簧力的作用下处于右位，压力油通过电磁换向阀3进入液压缸右腔，活塞向左运动。液压缸左腔的回油经过单向节流阀4的单向阀、电磁换向阀3流回油箱，此时，节流阀不起作用。溢流阀2用于调定系统压力，使系统压力基本保持恒定	结构简单，使用方便，运动平稳性差。一般用于功率较小、负载变化不大的液压传动系统中
回油节流调速回路	将节流阀串联在液压缸与油箱之间，即构成回油节流调速回路		当换向阀3处于左位时，压力油通过换向阀3进入液压缸5左腔，右腔的油液通过单向节流阀4的节流阀进入换向阀3后流入油箱。此时节流阀工作，起到节流调速的作用	广泛用于功率不大、负载变化较大和运动平稳性要求较高的液压传动系统中
变量泵的容积调速回路	依靠改变液压泵的流量来调节液压缸速度的回路		改变变量泵1的排量即可调节液压缸5的运动速度。单向阀3在泵停止工作时可防止缸中油液回流。溢流阀2限制回路的最大压力，起过载保护作用。溢流阀6起背压作用，可使运动平稳	用于功率较大的液压传动系统中

2. 速度换接回路

速度换接回路的功用是变换执行元件的工作行程速度，以满足工作的需要。在自动化加工中，为了节省时间和提高生产效率，往往要使工作部件快速到位，然后以一定的速度工作，工作完毕再使工作部件快速退回。要自动完成这种连续循环工作程序，可应用速度换接回路。速度换接回路的常用类型及应用特点见表7-13。

表 7-13　速度换接回路的常用类型及应用特点

类型	概念	回路图	工作过程	应用特点
液压缸差动连接速度换接回路	利用液压缸差动连接获得快速运动的回路		该回路的液压缸活塞杆有快进、工进和快退三个运动 （1）快进 当电磁铁 YA1 通电，YA2、YA3 断电时，二位三通电磁换向阀 5 连接液压缸左、右腔，并同时接通压力油，使液压缸形成差动连接而做快速运动 （2）工进 当 YA3 通电（YA1 仍通电）时，差动连接被断开，液压缸 6 的回油经过二位三通电磁换向阀 5、单向调速阀 4 的调速阀、三位四通电磁换向阀 3 流回油箱，从而实现工进 （3）快退 当 YA2、YA3 通电，YA1 断电时，压力油经三位四通电磁换向阀 3、单向调速阀 4 的单向阀、二位三通电磁换向阀 5 进入液压缸 6 的右腔。左腔的油液经过三位四通电磁换向阀 3 流回油箱，从而实现快退	在不增加液压泵输出流量的情况下，来提高工作部件运动速度的一种回路，其实质是改变了液压缸的有效作用面积。结构简单，用于要求运动速度较快的液压传动系统中

类型	概念	回路图	工作过程	应用特点
短接流量阀速度换接回路	采用短接流量阀的方法获得快慢速运动的回路	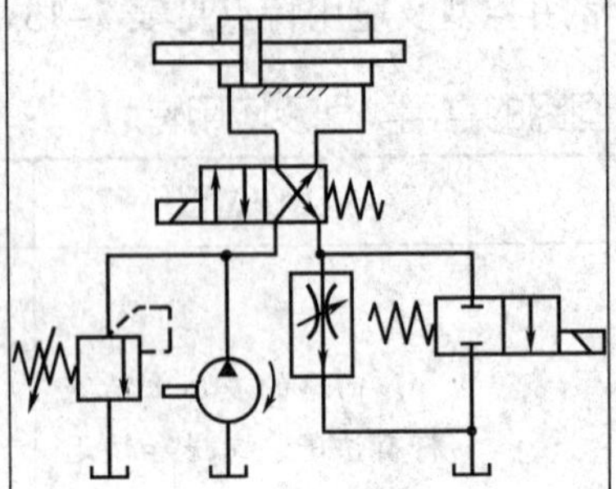	图示为二位二通电磁换向阀左位工作，回路回油节流，液压缸慢速向左运动。当二位二通电磁换向阀右位工作时（电磁铁通电），流量阀（调速阀）被短接，回油直接流回油箱，速度由慢速转换为快速。二位四通电磁换向阀用于实现液压缸运动方向的转换	结构简单，应用广泛。二位二通电磁换向阀和二位四通电磁换向阀的相互配合，可以实现快速进给—工作进给—工作退回—快速退回的工作循环
串联调速阀速度换接回路	采用串联调速阀的方法获得速度换接的回路	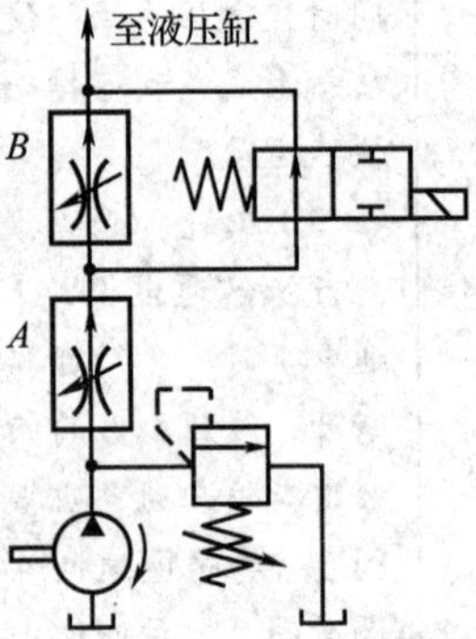	图示为二位二通电磁换向阀左位工作，液压泵输出的压力油流经调速阀A，通过二位二通电磁换向阀进入液压缸，液压缸的工作速度由调速阀A调节；当二位二通电磁换向阀右位工作时（电磁铁通电），液压泵输出的压力油通过调速阀A，须再经调速阀B后进入液压缸，液压缸的工作速度由调速阀B调节	调速阀B调节的工作进给速度只能比调速阀A调节的工作进给速度低，用于二次工作进给速度要求较低的液压传动系统中
并联调速阀速度换接回路	采用并联调速阀的方法获得速度换接的回路	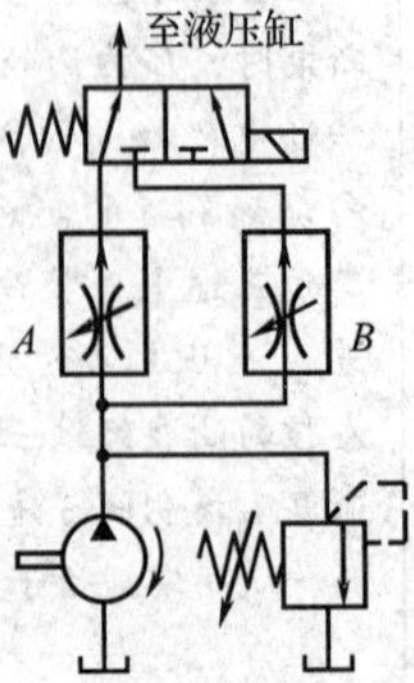	两工作进给速度分别由调速阀A和调速阀B调节。速度转换由二位三通电磁换向阀控制	两次进给速度可分别调节，但回路换接时会出现前冲现象，适用场合受到限制

160

四、顺序动作控制回路

控制系统中执行元件动作先后次序的回路称为顺序动作控制回路。在液压传动的机械中，有些执行元件的运动需要按严格的顺序依次实现。例如，液压传动的机床要求先夹紧工件，然后使工作台移动进行切削加工，在液压传动系统中则采用顺序动作控制回路来实现。

如图 7-43 所示为采用两个单向顺序阀的压力控制顺序动作回路。其中阀 A 和阀 B 是由单向阀与顺序阀构成的组合阀，称为单向顺序阀。夹紧液压缸和钻孔液压缸依次按 1—2—3—4 的顺序动作。

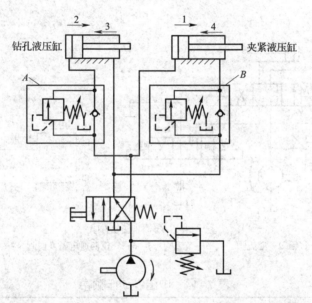

图 7-43 采用两个单向顺序阀的压力控制顺序动作回路

其工作过程如下：工作开始时，扳动二位四通手动换向阀手柄，使换向阀左位工作，压力油进入夹紧液压缸的左腔，回油经阀 B 中的单向阀流回油箱，实现动作 1；夹紧液压缸活塞向右运动到达终点后，夹紧工件，系统压力升高，打开阀 A 中的顺序阀，压力油进入钻孔液压缸的左腔，回油经二位四通手动换向阀流回油箱，实现动作 2；钻孔结束后，松开二位四通手动换向阀手柄，使换向阀右位工作（图示位置状态），压力油进入钻孔液压缸的右腔，回油经阀 A 中的单向阀及二位四通手动换向阀流回油箱，实现动作 3，钻头退回；钻孔液压缸活塞向左运动到达终点后，系统压力升高，打开阀 B 中的顺序阀，压力油进入夹紧液压缸的右腔，回油经二位四通手动换向阀流回油箱，实现动作 4，至此完成一个工作循环。

这种顺序动作控制回路的可靠性在很大程度上取决于顺序阀的性能及其压力调定值。顺序阀的调定压力应比先动作的液压缸的工作压力高（8 ~ 10）×10^5 Pa，以免在系统压力波动时发生误动作。

五、基本回路应用举例

切削机床加工工件时，通常在开始切削前要求刀具与工件快速趋近。当刀具与工件相近时要使趋近速度变缓，以进行速度的平稳过渡。开始切削后又要求刀具相对于工件做慢速工进运动。切削结束后，刀具快速退回。

图7-44所示为能实现"快进—工进——工进二—快退—停止及泵卸荷"工作循环的液压回路，它包括了换向回路、调压回路、锁紧回路、回油节流调速回路、速度换接回路和卸荷回路，共六种基本回路。与工作循环相对应的换向阀电磁铁动作顺序见表7-14。

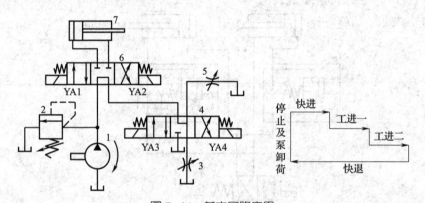

图7-44 基本回路应用

1—液压泵 2—溢流阀 3、5—节流阀 4、6—三位四通电磁换向阀 7—液压缸

表7-14 电磁铁动作顺序

循环工步	电磁铁			
	YA1	YA2	YA3	YA4
快进	+	−	−	−
工进一	+	−	−	−
工进二	+	−	−	+
快退	−	+	+	−
停止及泵卸荷	−	−	+	−

注："+"表示电磁铁通电，"−"表示电磁铁断电。

1. 快进

按下启动按钮，使YA1和YA3同时通电。液压泵输出的压力油经三位四通电磁换向阀 6 的左位进入液压缸 7 的左腔，推动活塞向右运动。液压缸右侧的油液经三位四通电磁换向阀 6 的左位、三位四通电磁换向阀 4 的左位流回油箱，活塞杆实现快进，其运动速度由液压泵的输出流量决定。此时系统压力较低，溢流阀 2 关闭。

2. 工进一

当 YA3 断电（YA1 仍通电）时，三位四通电磁换向阀 4 的中位接入系统。液压缸的进油回路不变，液压缸的回油经三位四通电磁换向阀 4 的中位流入节流阀 3 和节流阀 5，然后流回油箱。液压缸的运动速度由两个节流阀共同控制，液压缸活塞杆实现工进一。此时，系统压力升高，打开溢流阀 2，液压泵输出的多余油液经溢流阀 2 流回油箱。

3. 工进二

当 YA4 通电（YA1 仍通电）时，三位四通电磁换向阀 4 的右位接入系统。液压缸的进油回路不变，液压缸的回油经三位四通电磁换向阀 4 的右位流入节流阀 3（节流阀 5 不工作），然后流回油箱。此时，液压缸的运动速度由节流阀 3 控制，由于油液只能从节流阀 3 流回油箱，降低了液压缸右侧的回油速度，从而使活塞杆的运动速度进一步降低，实现工进二。

4. 快退

当 YA2 和 YA3 同时通电时，三位四通电磁换向阀 6 的右位和三位四通电磁换向阀 4 的左位工作。液压泵输出的压力油经三位四通电磁换向阀 6 的右位进入液压缸 7 的右腔，推动活塞向左运动。液压缸左侧的油液经三位四通电磁换向阀 6 的右位、三位四通电磁换向阀 4 的左位流回油箱，活塞杆实现快退，其运动速度由液压泵的输出流量决定。此时系统压力较低，溢流阀 2 关闭。

5. 停止及泵卸荷

当只有 YA3 通电时，三位四通电磁换向阀 6 中位工作，三位四通电磁换向阀 4 左位工作，液压泵输出的油液经三位四通电磁换向阀 6 的中位、三位四通电磁换向阀 4 的左位直接流入油箱，实现液压泵卸荷。此时液压缸利用三位四通电磁换向阀 6 的中位机能实现锁紧。

该回路的特点是结构简单；通过三位四通电磁换向阀 4 的换向使回路实现直接通油箱、用两个节流阀调节回油速度、用一个节流阀调节回油速度，从而实现快进、工进一和工进二等三种进给速度；在泵卸荷时，液压缸锁紧。

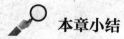 **本章小结**

1. 本章的重点是液压传动的工作原理和特点，液压元件以及基本回路的工作原理、特点和应用。

2. 液压传动是以液体为工作介质，进行能量转换、传递和控制的传动。一般由动力元件、执行元件、控制元件和辅助元件组成。

3. 液压传动的主要优点是能获得较大的动力，运行平稳，能方便地实现换向和无级变速，并且易于实现程序控制和过载保护；主要缺点是油液容易泄漏，传动比不准确。液体的压力和流量是液压传动系统设计、检测和调试的重要参数。

4. 液压泵是动力元件，它们能将原动机输出的机械能转换为液体的压力能；而液压缸是执行元件，它们的职能是将液体的压力能转换为机械能。因此说液压传动系统的传动过程体现着两次能量形式的转换。

5. 液压传动系统的控制元件分为：

方向控制阀——控制液体流动方向或液体的通断；

压力控制阀——控制液体压力高低或利用压力变化实现某种动作；

流量控制阀——调节液体的流量，以控制执行元件的运动速度。

6. 辅助装置是液压传动系统正常工作的必要保证。液压传动系统的辅助装置包括油箱、过滤器、压力表、油管及管接头等。

7. 基本回路是指由有关元件组成的具有某一特定功能的典型回路。基本回路按功能不同可分为方向控制回路、压力控制回路、速度控制回路和顺序动作控制回路四大类。

第八章
气压传动

　　在火车或汽车开关车门时经常会听到"扑哧"的声音，这就是气动系统发出的声音。气压传动与液压、机械、电气和电子技术一起，互相补充，已发展成为实现生产过程自动化的一个重要方面，在机械工业（如机器人）、轻纺食品工业、化工、交通运输、航空航天等各个行业已得到广泛的应用，如下图所示。思考一下，在我们周围还有哪些设备应用了气动技术？与液压传动相比，它有哪些特点？

气动双内摆门

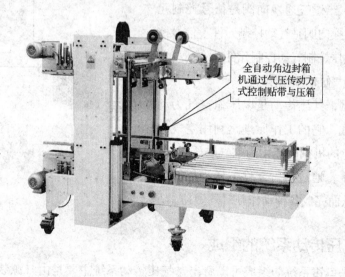

全自动角边封箱机通过气压传动方式控制贴带与压箱

本章主要内容

1. 气压传动的概念、组成、工作原理和特点。
2. 气压传动元件的分类、结构、工作原理、特点和应用。
3. 气压传动基本回路的组成、工作原理、特点和应用实例。

§8-1　概述

一、气压传动的工作原理

气压传动是以空气为工作介质进行能量传递的一种传动形式。下面以气动平口钳（见图 8-1）为例介绍气压传动的工作原理。气源装置输出压缩空气作为气动系统的工作介质（类似于液压油），为气动系统提供动力。当旋转二位三通换向阀的旋钮时，二位五通换向阀的左端接通回路，压缩空气进入气缸左端，推动活塞杆伸出，平口钳夹紧；

当再次旋转二位三通换向阀的旋钮时，二位五通换向阀右端接通回路，这时，压缩空气进入气缸右端，使活塞杆缩回，平口钳松开。在此过程中，二位三通换向阀是信号控制元件，二位五通换向阀是气动控制元件。信号控制元件通过气压控制气动控制元件动作，气动控制元件控制气缸活塞动作。

由此可见，气压传动是以压缩空气为动力的传动方式，它的工作原理是利用空气压缩机把电动机的机械能转化为空气的压力能，然后在控制下，通过执行元件把压力能转化为机械能，从而完成各种动作并对外做功。

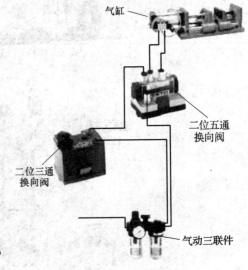

图 8-1　气动平口钳

二、气压传动系统的组成

由气动平口钳系统的组成可以看出，气压传动系统主要是由气源装置、执行元件、控制元件和辅助元件组成的，见表 8-1。

表8-1 气压传动系统的组成

组成部分	说明	典型元件	图片示例
气源装置	主要把空气压缩到原来体积的1/7左右，形成压缩空气，并对压缩空气进行处理，最终可以向系统供应干净、干燥的压缩空气	空气压缩机、气站、三联件（空气过滤器、减压阀、油雾器）等	
执行元件	利用压缩空气实现不同的动作，驱动不同的机械装置，可以实现往复直线运动、旋转运动及摆动等	气缸、摆动气缸、气动马达等	
控制元件	由主控元件、信号处理及控制元件组成，其中主控元件主要控制执行元件的运动方向，信号处理及控制元件主要控制执行元件的运动速度、时间、顺序、行程及系统压力等	换向阀、顺序阀、压力控制阀、调速阀等	
辅助元件	连接元件所需的一些元件，以及对系统进行消声、冷却、测量等工作的元件	气管、过滤器、油雾器、消声器等	

三、气压传动的特点

1. 气压传动的优点

与液压传动相比，气压传动具有以下优点：

（1）以空气为工作介质，提取方便，用后可排入大气，能源可储存，成本低廉。

（2）气体相对于液体而言其黏度要小得多，因此流动时能量损失小，便于集中供气和远距离输送。

（3）动作迅速，反应快，调节方便，维护简单，易于实现过载保护及自动控制。

（4）工作环境适应性强，在易燃、易爆、振动等环境下仍能可靠地工作。

（5）气动元件结构简单，质量轻，安装维护简单。

2. 气压传动的缺点

（1）由于空气具有可压缩性，气缸的动作速度受负载变化的影响较大。

（2）工作压力较低，气压传动不适用于重载系统。

（3）有较大的排气噪声。

（4）因空气无润滑性能，需另加给油装置提供润滑。

（5）气压传动系统存在泄漏现象，应尽可能减少泄漏。

 提示

　　空气中的水分在一定的温度和压力条件下能在气动系统的局部管道和气动元件中凝结成水滴，使气动管道和气动元件腐蚀和生锈，导致气动系统工作失灵。因此，必须采取适当措施减少压缩空气中所含的水分。

§8-2　气动元件

一、气源装置

　　驱动各种气动设备进行工作的动力是由气源装置提供的。气源装置的主体是空气压缩机。由于空气压缩机产生的压缩空气所含的杂质较多，一般不能直接为设备所用，因此，通常所说的气源装置还包括气源净化装置。

1. 空气压缩机

　　空气压缩机是将机械能转换成气体压力能的装置。空气压缩机的种类很多，在气压传动系统中，一般多采用容积式空气压缩机。容积式空气压缩机是通过运动部件的位移，使密封容积发生周期性变化，从而完成对空气的吸入和压缩。在容积式空气压缩机中，最常用的是活塞式空气压缩机，其工作原理与容积式液压泵一致，如图8-2所示。

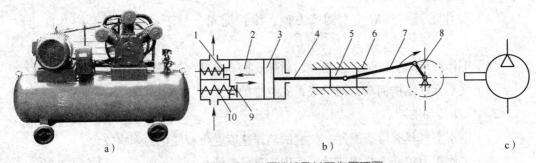

a）　　　　　　　　　b）　　　　　　　　　c）

图8-2　活塞式空气压缩机及其工作原理图

a）外形　b）工作原理图　c）图形符号

1—排气阀　2—气缸　3—活塞　4—活塞杆　5—滑块
6—滑道　7—连杆　8—曲柄　9—吸气阀　10—弹簧

曲柄 8 在电动机带动下做回转运动，通过连杆 7、活塞杆 4，带动气缸活塞 3 做直线往复运动。当活塞 3 向右运动时，气缸内容积增大而形成局部真空，吸气阀 9 打开，空气在大气压作用下由吸气阀 9 进入气缸腔内，此过程为吸气过程。当活塞 3 向左运动时，吸气阀 9 关闭，随着活塞的左移，缸内空气受到压缩而使压力升高，在压力达到足够高时，排气阀 1 打开，压缩空气进入排气管内，此过程为排气过程。图 8-2 中仅表示了一个活塞一个缸的空气压缩机，大多数空气压缩机是多缸多活塞的组合。

2. 气源净化装置

在气压传动系统中使用的低压空气压缩机多用油润滑，由于它排出的压缩空气温度一般在 140 ~ 170 ℃，使空气中的水分和部分润滑油变成气态，易与吸入的灰尘混合，形成水汽、油气和灰尘等的混合杂质。如果将含有这些杂质的压缩空气直接输送给气动设备使用，会给整个系统带来极坏的影响。因此，在系统中设置除水、除油、除尘等气源净化装置是十分必要的。常见的气源净化装置有后冷却器、油雾分离器、干燥器、储气罐等。

（1）后冷却器

后冷却器的作用是将空气压缩机排出的气体由 140 ~ 170 ℃降至 40 ~ 50 ℃，使压缩空气中的油雾和水汽迅速达到饱和，大部分析出并凝结成水滴和油滴，以便经油雾分离器排出。

如图 8-3 所示是蛇管式后冷却器的结构和图形符号，它采用压缩空气在管内流动，冷却水在管外流动的冷却方式，结构简单，因而应用广泛。

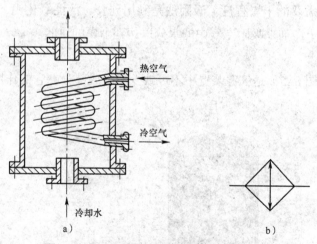

图 8-3 蛇管式后冷却器的结构和图形符号
a）结构 b）图形符号

为提高降温效果，安装使用时要特别注意冷却水与压缩空气的流动方向。

（2）油雾分离器（除油器）

油雾分离器的作用是分离并排除压缩空气中凝聚的水分、油分和灰尘等杂质，其结构和图形符号如图 8-4 所示。

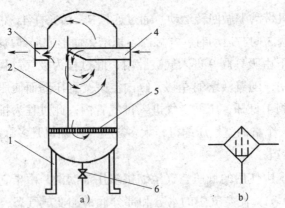

图 8-4　油雾分离器的结构和图形符号

a）结构　b）图形符号

1—支架　2—隔板　3—出气口　4—进气口　5—栅板　6—放油水阀

油雾分离器的工作原理是当压缩空气由进气口 4 进入油雾分离器壳体后，气流受到隔板 2 阻挡而被撞击折回向下（见图中箭头所示流向），之后又上升并产生环形回转。这样，凝聚在压缩空气中的密度较大的油滴和水滴受惯性力作用而分离析出，沉降于壳体底部，并由放油水阀定期排出。

（3）干燥器

干燥器的作用是进一步除去压缩空气中所含的水蒸气，主要方法有冷冻法和吸附法。冷冻法是利用制冷设备使压缩空气冷却到一定的露点温度，析出空气中的多余水分，从而达到所需要的干燥程度。吸附法是利用硅胶、活性氧化铝、焦炭或分子筛等具有吸附性能的干燥剂来吸附空气中的水分以达到干燥的目的。

（4）储气罐

储气罐（见图 8-5）是气源装置中不可缺少的组成部分，它的作用如下：

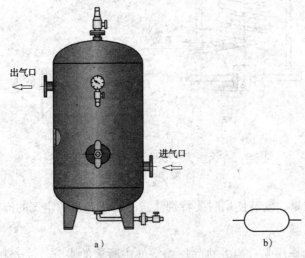

图 8-5　储气罐的结构和图形符号

a）结构　b）图形符号

1）消除由于空气压缩机断续排气而对系统引起的压力波动，保证输出气流的连续性和平稳性。

2）储存一定数量的压缩空气，以备发生故障或临时需要应急使用。

3）进一步分离压缩空气中的油、水等杂质。

储气罐的图形符号如图 8-5b 所示。

二、气动三联件

从气源装置中输出并得到初步净化的压缩空气在进入车间后，一般还需经过气动三联件（又叫气源调节装置）后方能进入气动设备。气动三联件包括手动排水过滤器、减压阀、油雾器。它们是气压传动系统的辅助元件。

1. 手动排水过滤器

手动排水过滤器的作用是进一步滤除压缩空气中的杂质。

如图 8-6 所示是手动排水过滤器的外形、结构及图形符号。其工作原理是压缩空气从输入口进入后，被引入旋风叶子 1，旋风叶子上有许多成一定角度的缺口，迫使空气沿切线方向产生强烈旋转。这样，夹杂在空气中的较大水滴、油滴和灰尘等便依靠自身的惯性与存水杯 3 的内壁碰撞，并从空气中分离出来沉到杯底，而微粒灰尘和雾状水汽则由滤芯 2 滤除。为防止气体旋转将存水杯中积存的污水卷起，在滤芯下部设有挡水板 4，此外，存水杯中的污水应通过手动排水阀 5 及时排放。在某些人工排水不方便的场合，可采用自动排水过滤器。

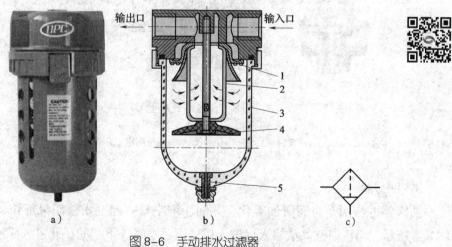

图 8-6 手动排水过滤器

a）外形 b）结构 c）图形符号

1—旋风叶子 2—滤芯 3—存水杯 4—挡水板 5—手动排水阀

2. 减压阀

由空气压缩机输出的压缩空气，其压力通常都高于每台设备和装置所需的工作压力，且压力波动也较大，因而需要用调节压力的减压阀来降压，使其输出压力与每台气动设备和装置实际需要的压力一致，并保持该压力值的稳定。

如图 8-7 所示为直动式减压阀的外形、结构及图形符号。当顺时针方向调整旋钮 1 时，调压弹簧 2、3 推动溢流阀座 4、膜片 5 和阀芯 8 向下移动，使阀口开启，气流通过阀口后压力降低。与此同时，有一部分气流由阻尼管 6 进入膜片室，在膜片下面产生一个向上的推力与弹簧力相平衡，减压阀便有稳定的压力输出。当输入压力 p_1 增高时，输出压力 p_2 也随之增高，使膜片下面的压力也增高，将膜片向上推，阀芯 8 在复位弹簧 9 的作用下上移，从而使阀口的开度减小，节流作用增强，使输出压力降低到调定值为止。反之，若输入压力下降，则输出压力也随之下降，膜片下移，阀口开度增大，节流作用减弱，使输出压力回升到调定压力，以维持压力稳定。

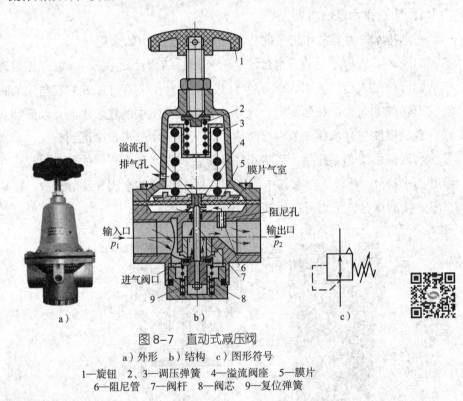

图 8-7 直动式减压阀
a）外形 b）结构 c）图形符号
1—旋钮 2、3—调压弹簧 4—溢流阀座 5—膜片
6—阻尼管 7—阀杆 8—阀芯 9—复位弹簧

3. 油雾器

油雾器的作用是将润滑油雾化，并随压缩空气一起进入被润滑部位，其结构如图 8-8 所示。当压缩空气从输入口进入后，通过喷嘴 5 下端的小孔进入阀座 7 的腔室内，推动钢球 6 向下运动，压缩空气进入存油杯 10 的上腔，油面受压，压力油经吸油管 9 将钢球 8 顶起。钢球上部管道有一个方形小孔，钢球不能把上方的管道封死，压力油不断地流入储油室 3 内，再滴入喷嘴 5 中，被主管气流从喷嘴的小孔中引射出来，雾化后从输出口输出。

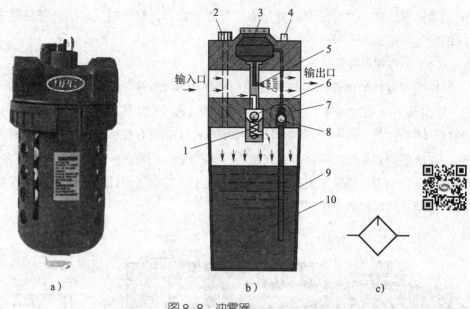

图 8-8　油雾器

a）外形　b）工作原理图　c）图形符号

1—弹簧　2—加油孔　3—储油室　4—油量调节阀　5—喷嘴
6、8—钢球　7—阀座　9—吸油管　10—存油杯

提示

　　气动三联件在气动系统中一般是必不可少的，因而它们的组合件得到广泛应用。如图 8-9 所示是气动三联件组合件的外形及图形符号。

图 8-9　气动三联件组合件的外形及图形符号

a）外形　b）图形符号

三、气缸与气动马达

　　气动执行元件是将压缩空气的压力能转换为机械能的元件。它驱动机构做直线往复运动、摆动或回转运动，输出力或转矩。气动执行元件可分为气缸和气动马达。

1. 气缸

　　气缸的种类很多，常用的有单作用气缸和双作用气缸。单作用气缸只有一个方向的运动依靠压缩空气，活塞的复位靠弹簧力或重力；双作用气缸的活塞往返全都依靠压缩空气来完成。

（1）单作用单杆气缸

靠弹簧复位的单作用单杆气缸的结构如图8-10a所示，它主要由活塞杆5、活塞9、导向环10、前缸盖4、后缸盖13、缓冲垫圈6和12等组成，在前缸盖上有一个呼吸口，在后缸盖上有一个进气口。单作用单杠气缸只有在活塞的一侧可以通入压缩空气，在活塞的另一侧呼吸口与大气接通。这种气缸的压缩空气只能在一个方向上做功，活塞的反方向动作则依靠复位弹簧实现。由于压缩空气只能在一个方向上控制气缸活塞的运动，所以称为单作用气缸。

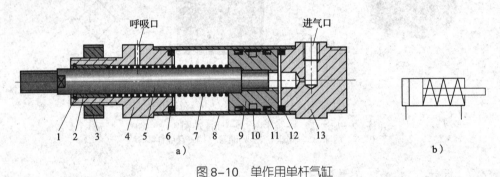

图8-10　单作用单杆气缸

a）结构　b）图形符号

1—卡环　2—导向套　3—螺母　4—前缸盖　5—活塞杆　6、12—缓冲垫圈
7—弹簧　8—缸筒　9—活塞　10—导向环　11—活塞密封圈　13—后缸盖

（2）双作用单杆气缸

图8-11所示为双作用单杆气缸，它主要由活塞杆5、活塞6、前缸盖3、后缸盖9、缸筒4、密封圈2和7等组成。当压缩空气进入气缸的右腔时（左腔与大气相连），压缩空气的压力作用在活塞的右侧，当作用力克服活塞杆上的负载时，活塞杆伸出；当压缩空气进入左腔时（右腔与大气相连），推动活塞右移，活塞杆收回。

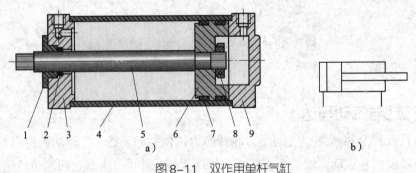

图8-11　双作用单杆气缸

a）结构　b）图形符号

1—压盖　2—防尘密封圈　3—前缸盖　4—缸筒　5—活塞杆
6—活塞　7—活塞密封圈　8—螺母　9—后缸盖

2. 气动马达

气动马达是将压缩空气的压力能转换为机械能的能量转换装置，其作用相当于电动机或液压马达，即输出转矩驱动机构做旋转运动。如图 8-12 所示为叶片式气动马达。压缩空气从 A 口进入定子腔后，一部分进入叶片底部，将叶片推出，使叶片在气压推力和离心力共同作用下紧贴在定子内壁上，另一部分进入密封工作腔作用在叶片的外伸部分产生力矩。由于叶片外伸面积不等，转子受到不平衡力矩而产生逆时针旋转。做功后的气体由定子孔 C 排出，剩余气体经 B 孔排出。改变压缩空气输入的进气孔，气动马达则反向旋转。叶片式气动马达适用于低转矩、高转速场合。

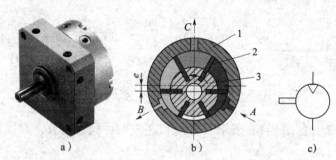

图 8-12 叶片式气动马达

a）外形　b）结构原理图　c）图形符号

1—定子　2—叶片　3—转子

四、气动控制阀

1. 方向控制阀

（1）单向阀

单向阀用来控制气流方向，使之只能向一个方向流动，其外形如图 8-13a 所示。其工作原理与液压单向阀基本相同，如图 8-13b 所示。

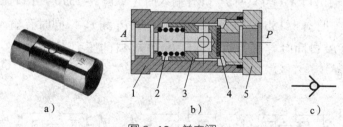

图 8-13 单向阀

a）外形　b）工作原理图　c）图形符号

1—阀体　2—弹簧　3—阀芯　4—密封垫　5—阀盖

（2）换向阀

换向阀的作用就是通过改变压缩空气的流动方向，从而改变执行元件的运动方向。与液压传动一样，根据控制方式可分为气压控制、电磁控制、机械控制、手动控制等。

气动换向阀的结构原理、图形符号与液压换向阀基本相同。

2. 气动逻辑元件

（1）梭阀

梭阀（见图8-14d）具有"逻辑或"功能，多用于手动与自动控制并联回路中。梭阀相当于两个单向阀组合而成，其工作原理如图8-14a、b所示，它有两个进气口 P_1 和 P_2，一个工作口 A，阀芯在两个方向上起单向阀的作用。P_1 口和 P_2 口都可以与 A 口相通，但 P_1 口和 P_2 口不相通。

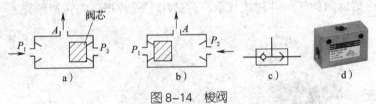

图8-14　梭阀

a）P_1 口进气　b）P_2 口进气　c）图形符号　d）实物图

1）P_1 口进气。如图8-14a所示，当 P_1 口进气时，阀芯右移，封住 P_2 口，使 P_1 口与 A 口相通，A 口排气。

2）P_2 口进气。如图8-14b所示，当 P_2 口进气时，阀芯左移，封住 P_1 口，使 P_2 口与 A 口相通，A 口也排气。

3）P_1 与 P_2 口都进气。当 P_1 与 P_2 口都进气且压力相等时，阀芯可能停留在任意位置。若 P_1 与 P_2 口都进气但压力不等，则高压的通道打开，低压口被封闭，高压气流从 A 口输出。

4）A 口进气。当 A 口进气时，压缩空气从上次的进气口排出。

（2）双压阀

双压阀（见图8-15e）能实现"逻辑与"功能。如图8-15所示，它有两个输入口 P_1 和 P_2，一个输出口 A。当只有 P_1 口有输入时（见图8-15a），A 口无输出；当只有 P_2 口有输入时（见图8-15b），A 口也无输出；当 P_1 和 P_2 口同时有输入时，A 口才有输出；当 P_1 和 P_2 口同时有压力输入，且 P_1 和 P_2 口的压力不等时，关闭高压侧，低压侧与 A 口相通。

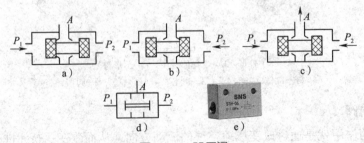

图8-15　双压阀

a）P_1 口进气　b）P_2 口进气　c）P_1 和 P_2 口同时进气　d）图形符号　e）实物图

 知识拓展

快速排气阀

快速排气阀简称快排阀，它的作用是加快气缸动作速度而快速排气。如图8-16a 所示是快速排气阀的一种结构形式。当压缩空气进入进气口 P 时，使膜片1向下变形，打开 P 口与 A 口的通路，同时关闭排气口 O。当 P 口没有压缩空气进入时，在 A 口和 P 口压差作用下，膜片向上恢复，关闭 P 口，使 A 口通过 O 口快速排气。图8-16b 所示为快速排气阀的图形符号。

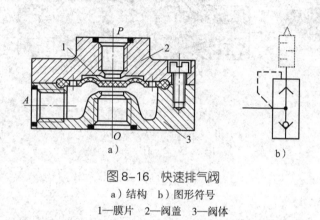

图8-16 快速排气阀
a）结构 b）图形符号
1—膜片 2—阀盖 3—阀体

3. 压力控制阀

气动系统中调节和控制压力大小的控制元件称为压力控制阀，主要包括减压阀、顺序阀、溢流阀等。它们的图形符号、功用都与相应的液压阀相似，详见表8-2。

表8-2 压力控制阀的图形符号及功用

类型	图形符号	功用
减压阀		降低来自空气压缩机的压力，将入口处空气压力调节到每台气动装置实际需要的压力
顺序阀		依靠气压的大小来控制气动回路中各元件动作的先后顺序
溢流阀		当气路压力超过调定值时便自动排气，使系统的压力下降，以保持进口压力为调定值

4．流量控制阀

流量控制阀是通过改变阀的通流面积来调节压缩空气的流量，从而控制气缸运动速度、换向阀的切换时间和气动信号传递速度。常用的有单向节流阀和排气节流阀等。这里主要介绍排气节流阀。

如图 8-17 所示为排气节流阀的外形、内部结构及图形符号。它由节流阀和消声装置组合而成，常安装在气动装置的排气口上，通过控制排入大气中的气体流量来改变执行机构的运动速度，并通过消声器减小排气噪声。

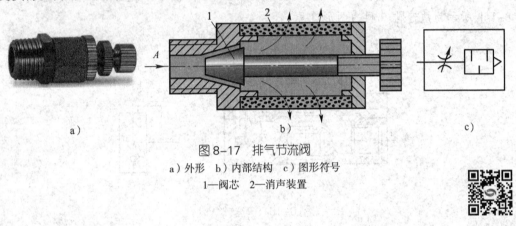

图 8-17　排气节流阀
a）外形　b）内部结构　c）图形符号
1—阀芯　2—消声装置

§8-3　气动基本回路

气动基本回路是指由有关气动元件组成的，能完成某种特定功能的气动回路。按功能分，主要有方向控制回路、压力控制回路、速度控制回路等。

一、方向控制回路

方向控制回路是用气动换向阀控制压缩空气的流动方向，来实现控制执行机构运动方向的回路，简称换向回路。

如图 8-18a 所示为采用二位三通换向阀的换向回路，当有控制信号 a 时活塞杆伸出，无控制信号时活塞杆在弹簧力作用下退回。在图 8-18b 中，回路上串联了一个二位二通阀，可使气缸在行程途中任意位置停止，即有信号 b 则活塞停止运动，消除信号 b 则活塞继续运动。

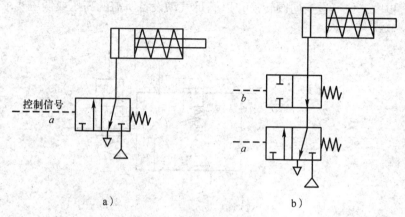

图 8-18 换向回路

二、压力控制回路

对系统压力进行调节和控制的回路称为压力控制回路。

1. 一次压力控制回路

简单的一次压力控制回路如图 8-19 所示，它采用溢流阀控制气罐的压力。当气罐的压力超过规定压力值时，溢流阀接通，空气压缩机输出的压缩空气由溢流阀排入大气，使气罐内的压力保持在规定的范围内。

2. 二次压力控制回路

如图 8-20 所示为二次压力控制回路，它的作用是使系统保持正常的工作，维持稳定的性能，从而达到安全、可靠、节能的目的。从空气压缩机出来的压缩空气经手动排水过滤器、减压阀、油雾器后，供给气动设备使用。通过调节减压阀就能获得所需的工作压力。油雾器主要用于对气动换向阀和执行元件进行润滑。

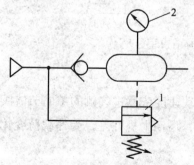

图 8-19 一次压力控制回路
1—溢流阀 2—压力表

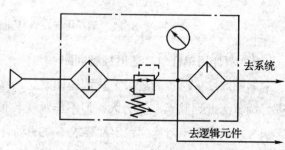

图 8-20 二次压力控制回路

3. 高低压转换回路

如图 8-21 所示为高低压转换回路。其原理是采用两个减压阀调定两种不同的压力 p_1、p_2，再由二位三通换向阀转换，以满足气动设备所需的高压或低压要求。

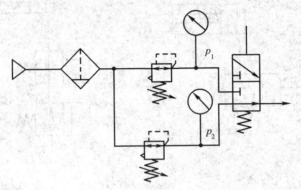

图 8-21　高低压转换回路

三、速度控制回路

速度控制回路是利用流量控制阀来改变进排气管路的通流面积，实现调节或改变执行元件工作速度的目的。

1. 单作用单杠气缸速度控制回路

如图 8-22 所示为单作用单杠气缸速度控制回路原理图。其中，图 8-22a 所示回路可以进行双向速度调节；图 8-22b 所示回路通过采用快速排气阀可实现快速返回，但返回速度不能调节。

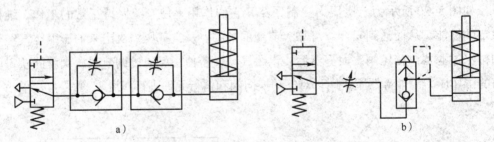

a)　　　　　　　　　　　　　　　　b)

图 8-22　单作用单杠气缸速度控制回路原理图

2. 双作用单杠气缸速度控制回路

如图 8-23a 所示为进口节流调速回路。活塞的运动速度依靠进气侧的单向节流阀进行调节。此回路承载能力大，但不能承受负值负载，运动平稳性差，受外载荷变化影响大。其适用于对速度稳定性要求不高的场合。

如图 8-23b 所示为出口节流调速回路。活塞的运动速度依靠排气侧的单向节流阀进行调节，运动平稳性好，可承受负值负载，受外载荷变化影响小。

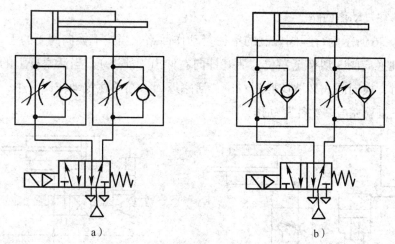

图 8-23 双作用单杆气缸速度控制回路
a）进口节流调速回路　b）出口节流调速回路

四、其他常用气动回路

1. 气液联动回路

在气动回路中，采用气液转换器后，就相当于把气压传动转换为液压传动，这就使执行元件的速度调节更加稳定，运动也更平稳。若采用气液增压回路，则还能得到更大的推力。气液联动回路装置简单，经济可靠。

（1）气液速度控制回路

如图 8-24 所示为气液速度控制回路。它利用气液转换器 1、2 将气压变成液压，利用液压油驱动液压缸 3，从而得到平稳易控制的活塞运动速度，调节节流阀的开度，就可以改变活塞的运动速度。这种回路充分发挥了气动系统供气方便和液压传动系统速度容易控制的特点。必须指出的是气液转换器中储油量应不少于液压缸有效容积的1.5 倍，同时需注意气液结构间的密封，以避免气体混入油中。

（2）气液增压回路

当工作时既要求工作平稳，又要求有很大的推力时，可用气液增压回路，如图 8-25 所示。利用气液增压缸 1 把较低的气压变为较高的液压。该回路中用单向节流阀调节气液缸 2 的前进（右行）速度，返回时用气压驱动，通过单向阀回油，故能快速返回。

2. 往复动作回路

气动系统中采用往复动作回路可提高自动化程度。常用的往复动作回路有单往复动作回路和连续往复动作回路两种。

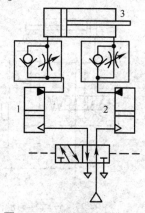

图 8-24 气液速度控制回路
1、2—气液转换器　3—液压缸

（1）单往复动作回路

如图8-26所示为行程阀控制的单往复动作回路。当按下换向阀1的手动按钮后，压缩空气使换向阀3切换至左位，活塞杆向右伸出（前进），当活塞杆上的挡铁碰到行程阀2时，换向阀3又被切换到右位，活塞返回。在单往复动作回路中，每按下一次按钮，气缸就完成一次往复动作。

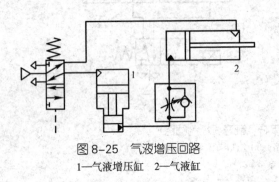

图8-25　气液增压回路
1—气液增压缸　2—气液缸

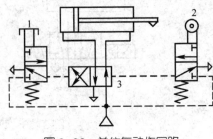

图8-26　单往复动作回路
1、3—换向阀　2—行程阀

（2）连续往复动作回路

如图8-27所示为连续往复动作回路，它能完成连续的动作循环。当按下换向阀1的按钮后，换向阀4换向，活塞向右运动。这时，由于行程阀3复位而将气路封闭，使换向阀4不能复位，活塞继续右行。到行程终点压下行程阀2后，使换向阀4控制气路排气，在弹簧作用下换向阀4复位，气缸返回，在终点压下行程阀3，在控制压力下换向阀4又被切换至左位，活塞再次右行。就这样一直连续往复，直至提起换向阀1的按钮后，换向阀4复位，活塞返回而停止运动。

3. 安全保护回路

（1）过载保护回路

如图8-28所示为过载保护回路，当活塞杆在伸出途中遇到故障或其他原因使气缸过载时，其活塞能自动返回。

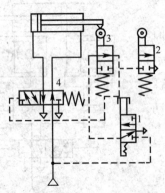

图8-27　连续往复动作回路
1、4—换向阀　2、3—行程阀

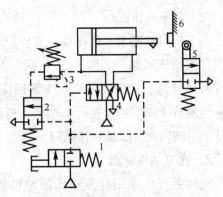

图8-28　过载保护回路
1—手动阀　2、5—行程阀　3—顺序阀
4—主控阀　6—障碍物

当按下手动阀 1 的按钮后，主控阀 4 切换至左位，气缸活塞右行（前进），当活塞杆上挡铁碰到行程阀 5 时，主控阀 4 复位，活塞返回，这是正常情况时的工作循环。若气缸活塞右行（前进）时遇到障碍物 6，则气缸无杆腔压力升高，打开顺序阀 3，使行程阀 2 切换至上位，主控阀 4 随即复位，气缸左腔的气体经主控阀 4 排掉，活塞立即退回。

（2）双手操作回路

双手操作回路就是使用两个启动用的推压控制阀，只有同时按动这两个阀时才动作的回路。这在锻压、冲压设备中常用来避免误动作，以保护操作者的安全及设备的正常工作。

如图 8-29 所示，为使二位四通换向阀左位接入系统，必须同时按下两个二位三通阀。而且这两个阀安装在单手不能同时操作的位置上，因而在操作时，只要任何一只手离开，控制信号就会消失，二位四通换向阀复位，而使活塞杆后退。

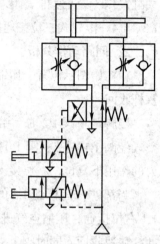

图 8-29 双手操作回路

五、基本回路应用举例

如图 8-30 所示为气动灌装机及其气动控制回路图，动作要求是当把需灌装的瓶子放在工作台上后，脚踩下启动按钮，气缸活塞杆前伸开始灌装；当灌装完毕后气缸活塞杆快速自动回退，准备第二次灌装。

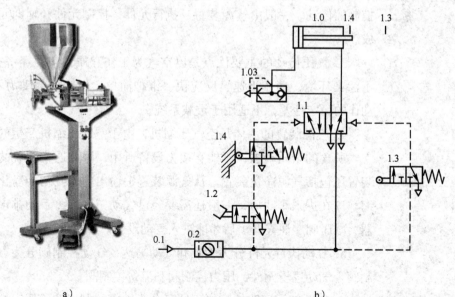

a）

b）

图 8-30 气动灌装机
a）实物图 b）气动控制回路图

1．图形符号的解读

回路中图形符号所对应的元件：0.1—气源，0.2—气动三联件，1.0—双作用单杠气缸，1.03—快速排气阀，1.1—双气二位五通换向阀，1.2—踏板式二位三通换向阀，1.3、1.4—滚轮式二位三通换向阀。

2．回路动作分析

在初始图示位置，压缩空气经主控阀 1.1 的右位进入气缸 1.0 的右腔，使气缸的活塞杆收回。

当脚踏下阀 1.2 时，由于阀 1.4 是左位接通，使得主控阀 1.1 左位接入系统，压缩空气经阀 1.1 左位、阀 1.03 进入气缸 1.0 的左腔，使得活塞杆伸出。同时阀 1.4 在弹簧力的作用下复位，右位接入，主控阀 1.1 左边控制压缩空气断开。

当活塞杆运行到 1.3 的位置时，使得行程阀 1.3 左位接通，压缩空气使得主控阀 1.1 右位接通，压缩空气进入气缸 1.0 的右腔，左腔的空气从快速排气阀排出，使得活塞杆快速收回。同时阀 1.3 在弹簧力的作用下复位。

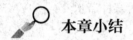

本章小结

1. 本章的重点是气压传动的工作原理和特点，气压传动元件以及基本回路的工作原理、特点和应用。

2. 气压传动是以压缩空气为工作介质，进行能量转换、传递和控制的传动。一般由气源装置、执行元件、控制元件和辅助元件组成。

3. 气压传动的主要优点是以空气为工作介质，来源经济方便，不污染环境，动作迅速、反应快、维护简单。但输出的动力不大，动作的稳定性差，不适用于重载系统。

4. 气源装置的主体是空气压缩机，由于空气压缩机产生的压缩空气所含的杂质较多，不能直接为设备所用，因此通常所说的气源装置还包括气源净化装置。从气源装置中输出的得到初步净化的压缩空气在进入车间后，一般还需要经过气动三联件（手动排水过滤器、减压阀、油雾器）后才能进入气动设备。

5. 气动执行元件分为气缸和气动马达，气动控制阀分为方向控制阀、气动逻辑元件、压力控制阀和流量控制阀。

6. 气动基本回路按功能不同可分为方向控制回路、压力控制回路、速度控制回路、气液联动回路、往复动作回路和安全保护回路等。

第九章
机械加工基础

机械制造过程中的主要环节是零件加工，在零件加工过程中需要用到车床、铣床、磨床、刨床、镗床、钻床以及各种数控机床等机械加工设备。齿轮减速器是一种典型的机械产品，在机械传动中应用广泛。想一想，加工齿轮减速器上的齿轮轴、输出轴、齿轮、箱体、箱盖等零件需要哪些机械加工设备？

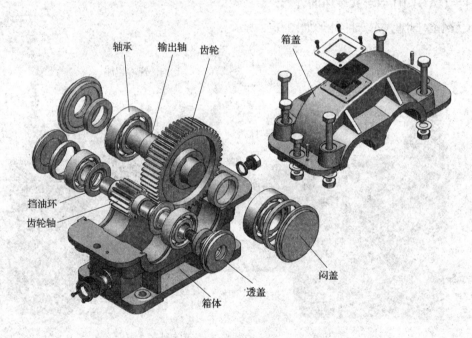

本章主要内容

1. 车床、铣床、磨床、刨床、镗床的主要结构、工作原理、刀具、加工范围、加工特点。

2. 钳加工设备、工具、加工方法及加工特点。

3. 数控机床的组成、工作过程、主要类型及加工特点。

§ 9-1　车削

车削是在车床上利用工件的旋转运动和刀具的直线进给运动，改变毛坯形状和尺寸，将其加工成所需零件的一种切削加工方法。

一、车床

车床的种类很多，主要有仪表车床、单轴自动车床、多轴自动和半自动车床、回轮车床、轮塔车床、立式车床、落地及卧式车床、仿形及多刀车床等，其中卧式车床应用最广泛。下面以 CA6140 型卧式车床为例介绍车床的基本构造。

1. CA6140 型卧式车床的外形

CA6140 型卧式车床的外形如图 9-1 所示。

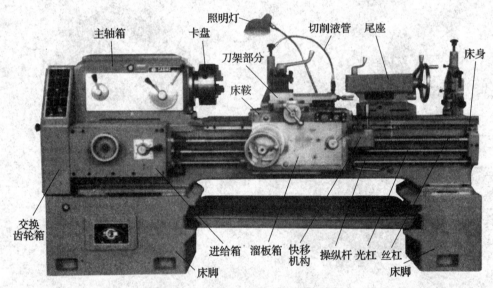

图 9-1　CA6140 型卧式车床的外形

2. CA6140 型卧式车床的主要部件及其功用

（1）主轴箱

主轴箱固定在床身的左端，箱内装有主轴部件和主运动变速机构。通过操纵箱外变速手柄，可以使主轴有不同的转速。主轴右端有外螺纹，用以安装卡盘等附件；内表面是莫氏锥孔，用以安装顶尖。电动机通过 V 带传动，经主轴箱齿轮变速机构带动主轴转动。

（2）交换齿轮箱

交换齿轮箱也称挂轮箱，它将主轴的回转运动传递给进给箱。更换箱内的齿轮，配合进给箱变速机构，可以车削各种导程的螺纹，并满足车削时对纵向和横向不同进给量的需求。

（3）进给箱

进给箱安装在床身的左前侧，是改变进给量、传递进给运动的变速机构。它把交换齿轮箱传递过来的运动，经过变速后传递给丝杠或光杠。

（4）溜板箱

溜板箱装在床鞍的下面，是纵、横向进给运动的分配机构。通过溜板箱将光杠或丝杠的转动变为滑板的移动。溜板箱上装有各种操纵手柄及按钮，可以方便地选择纵、横向机动进给运动，并使其接通、断开及变向。溜板箱内设有互锁装置，可限制光杠和丝杠只能单独运动。

（5）刀架部分

刀架部分由床鞍、中滑板、小滑板和刀架等组成。刀架用于装夹车刀并带动车刀做纵向、横向、斜向和曲线运动，从而使车刀完成工件各种表面的车削。

（6）尾座

尾座安装在床身导轨右端，可沿导轨纵向移动。尾座可安装顶尖，以支承较长工件；也可安装钻头或铰刀进行孔加工。

（7）床身

床身是车床的基础部件，主要用于支承和连接车床的各个部件，并保证各部件在工作时有准确的相对位置。例如，刀架和尾座可沿床身上的导轨移动。

（8）照明、切削液供给装置

照明灯使用安全电流，为操作者提供充足的光线，保证明亮清晰的操作环境。切削液被切削液泵加压后，通过切削液管喷射到切削区域。

二、车削运动

车削运动是车床为了形成工件表面而进行的刀具和工件的相对运动。车削运动分为主运动和进给运动，如图9-2所示。

1. 主运动

车床的主运动就是工件的旋转运动，主运动是实现切削最基本的运动，它的运动速度较高，消耗功率较大。电动机的回转运动经V带传动机构传递到主轴箱，在主轴箱内经变速、

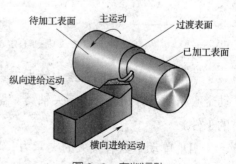

图9-2 车削运动

变向机构再传到主轴，使主轴获得24级正向转速（转速范围为10～1 400 r/min）和12级反向转速（转速范围为14～1 580 r/min）。

2. 进给运动

车床的进给运动就是刀具的移动。刀具做平行于车床导轨的纵向进给运动（如车外圆柱表面），或做垂直于车床导轨的横向进给运动（如车端面），也可做与车床导轨成一定角度方向的斜向运动（如车圆锥面）或做曲线运动（如车成形曲面）。

进给运动的速度较低，所消耗的功率也较少。主轴的回转运动从主轴箱经挂轮箱、进给箱传递给光杠或丝杠，使它们回转，再由溜板箱将光杠或丝杠的回转运动转变为滑板、刀架的直线运动，使刀具做纵向或横向的进给运动。CA6140型车床的纵向进给速度共64级（进给量范围为0.08～1.59 mm/r），横向进给速度共64级（进给量范围为0.04～0.79 mm/r）。

三、车床通用夹具

用以装夹工件（和引导刀具）的装置称为夹具。车床夹具有通用夹具和专用夹具两类。车床的通用夹具一般作为车床附件供应，且已经标准化。常见的车床通用夹具有卡盘、顶尖、拨盘和鸡心夹头等。

1. 卡盘

卡盘是应用最多的车床夹具，它是利用其背面法兰盘上的螺纹直接装在车床主轴上的。卡盘分三爪自定心卡盘和四爪单动卡盘，如图9-3所示。

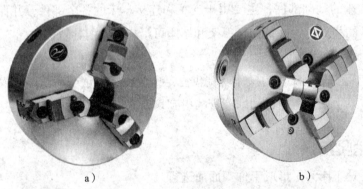

a)　　　　　　　　　　　　b)

图9-3　卡盘
a）三爪自定心卡盘　b）四爪单动卡盘

三爪自定心卡盘的夹紧力较小，装夹工件方便、迅速，无须找正，具有较高的自动定心精度，特别适合于装夹轴类、盘类、套类等工件，但不适合于装夹形状不规则的工件。

四爪单动卡盘有很大的夹紧力，其卡爪可以单独调整，因此特别适合装夹形状不规则的工件；但装夹较慢，需要找正，而且找正的精度主要取决于操作人员的技术水平。

2. 顶尖、拨盘和鸡心夹头

对于细长的轴类工件一般可以用两种方法进行装夹：其一是用车床主轴的卡盘和车床尾座上的后顶尖装夹工件，如图9-4所示；其二是工件的两端均用顶尖装夹定位，利用拨盘和鸡心夹头带动工件旋转，如图9-5所示。前一种方法仅适合一次性装夹，进行多次装夹时很难保证工件的定位精度；后一种方法可用于多次装夹，并且不会影响工件的定心精度。

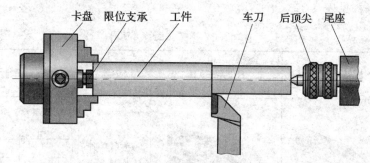

图 9-4 使用卡盘和后顶尖装夹工件

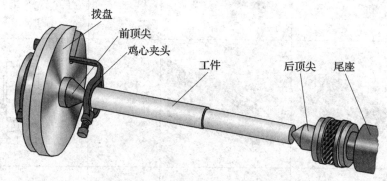

图 9-5 使用前顶尖和后顶尖装夹工件

通用顶尖按结构可分为固定顶尖和回转顶尖，如图9-6所示。按安装位置可分为前顶尖（安装在主轴锥孔内）和后顶尖（安装在尾座锥孔内），前顶尖用固定顶尖，后顶尖可以用固定顶尖，也可以用回转顶尖。

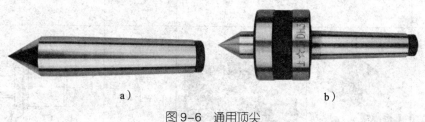

a) b)

图 9-6 通用顶尖

a）固定顶尖 b）回转顶尖

拨盘与鸡心夹头的作用是当工件用两顶尖装夹时带动工件旋转，如图 9-5 所示。拨盘靠其上的螺纹装在车床的主轴上，带动鸡心夹头旋转；鸡心夹头则依靠其上的紧固螺钉拧紧在工件上，并带动工件一起旋转。

四、车刀

车削时，需根据不同的车削要求选用不同种类的车刀。根据车刀的形状及车削加工内容，常用车刀分为 90° 车刀、75° 车刀、45° 车刀、切断刀、内孔车刀、成形车刀和螺纹车刀等，见表 9-1。

表 9-1　车刀的种类及应用

车刀种类	焊接式车刀	机夹车刀	应用	车削示例
90° 车刀（偏刀）			车削工件的外圆、台阶和端面	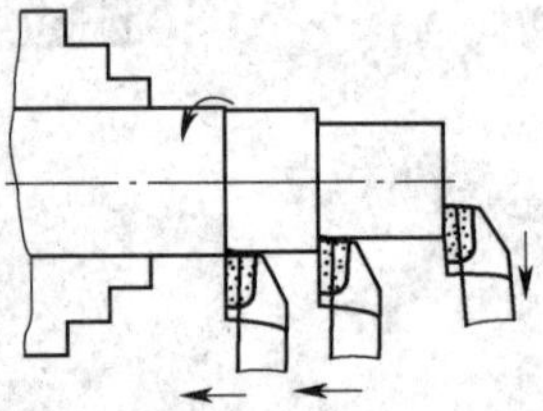
75° 车刀	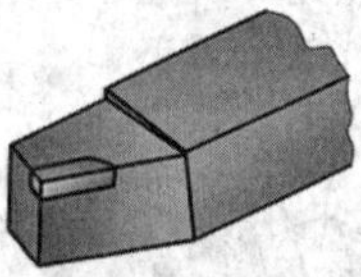		车削工件的外圆和端面	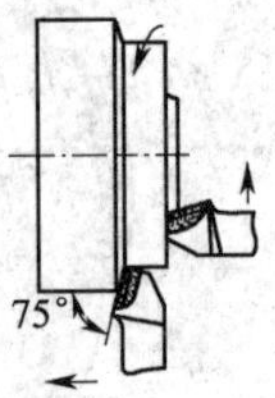
45° 车刀（弯头车刀）	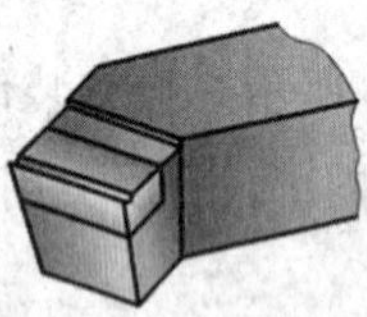		车削工件的外圆、端面或进行 45° 倒角	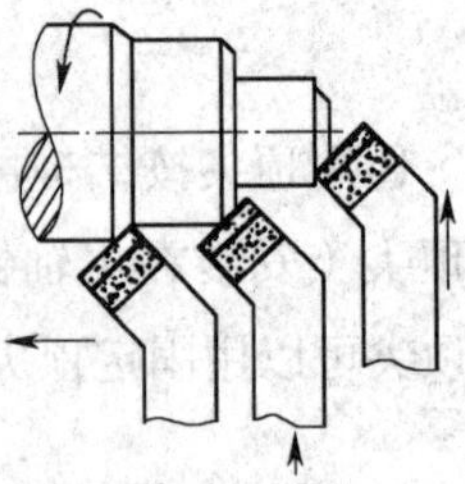
切断刀	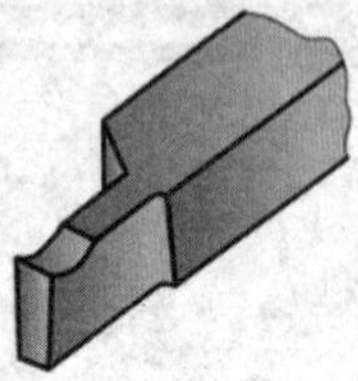		切断或在工件上车槽	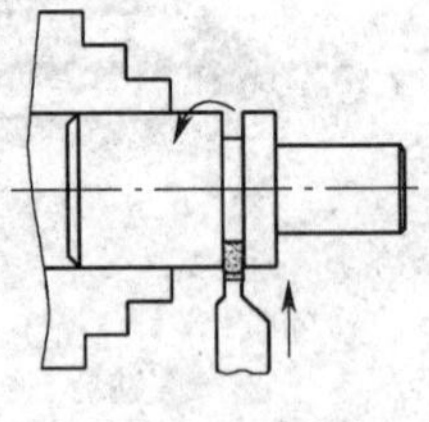

续表

车刀 种类	焊接式车刀	机夹车刀	应用	车削示例
内孔 车刀	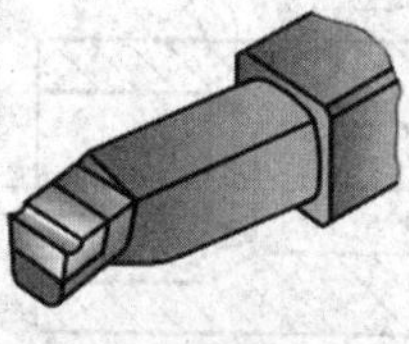	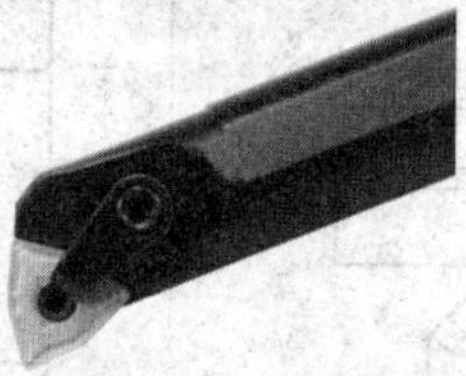	车削工件 的内孔	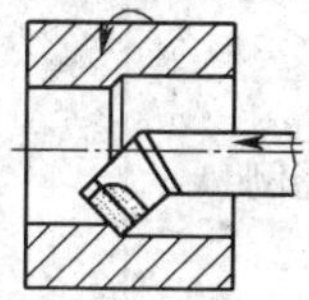
成形 车刀	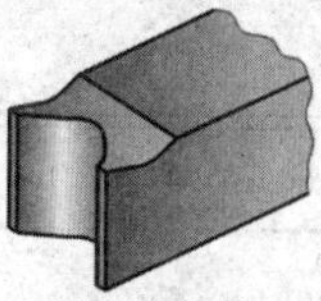		车削工件 的圆弧面 或成形曲 面	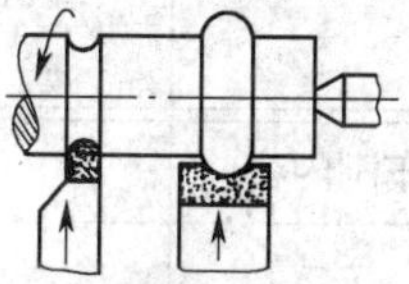
螺纹 车刀	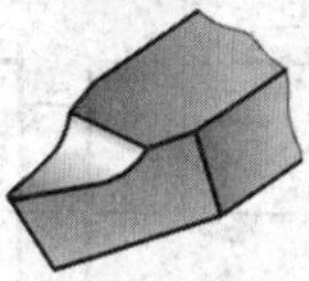		车削螺纹	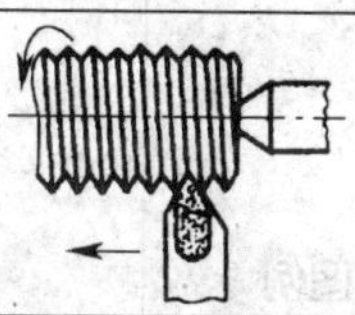

五、车削的加工范围及特点

1. 车削的加工范围

车削的加工范围很广，具体见表 9-2。如果在车床上装上一些附件和夹具，还可进行镗削和磨削等。

表 9-2　车削的加工范围

车削内容	钻中心孔		钻孔	
图例				
车削内容	铰孔		攻螺纹	
图例				

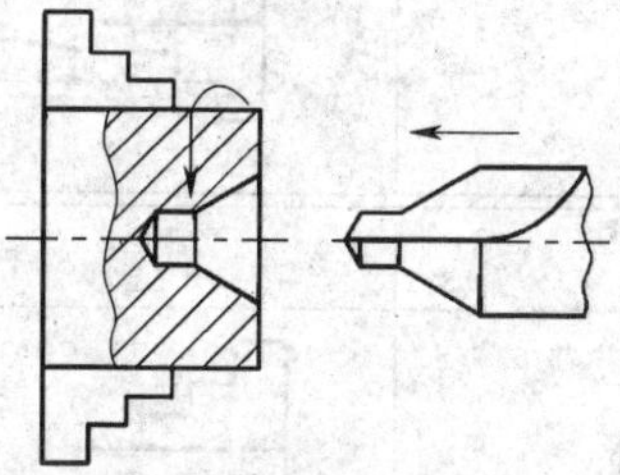

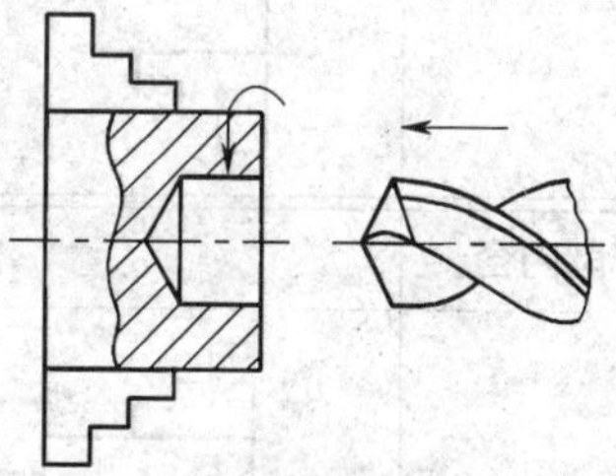

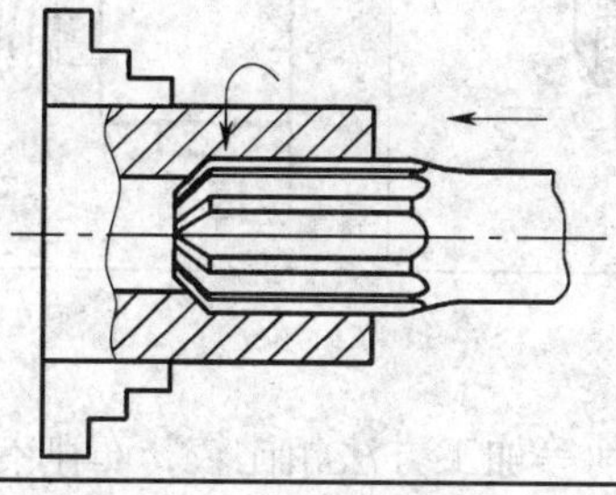

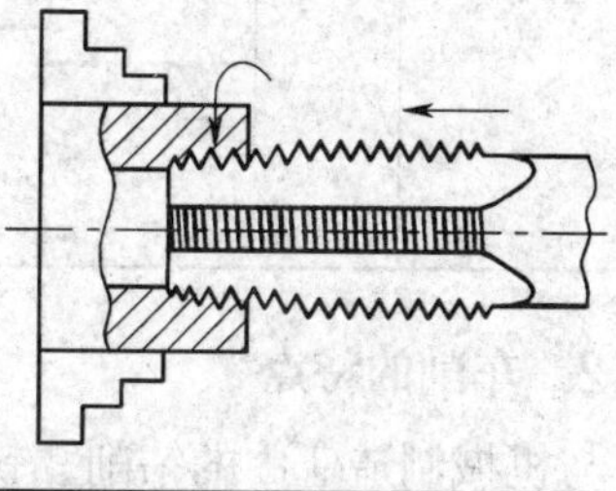

续表

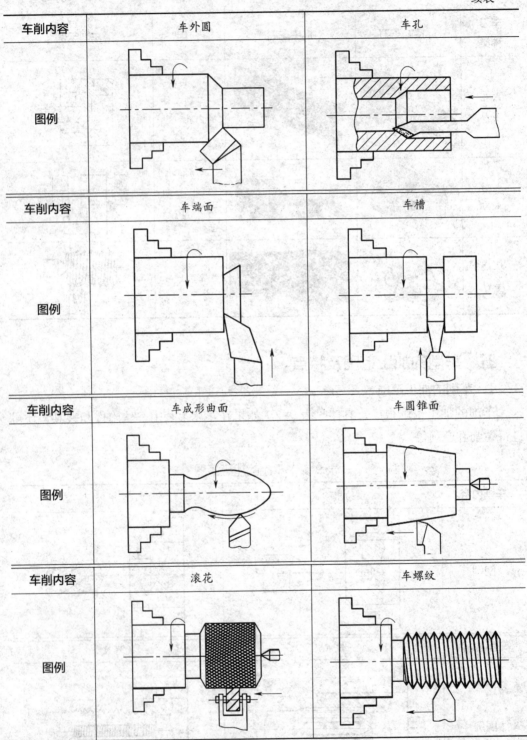

车削内容	车外圆	车孔
图例		

车削内容	车端面	车槽
图例		

车削内容	车成形曲面	车圆锥面
图例		

车削内容	滚花	车螺纹
图例		

2. 车削的特点

与机械制造业中的钻削、铣削、磨削等加工方法相比较，车削有如下特点：

（1）车削适合于加工各种内、外回转表面。车削的加工精度范围为IT13 ~ IT6，表面粗糙度值为 $Ra12.5 ~ 1.6\ \mu m$。

（2）车刀结构简单，制造容易，刃磨及装拆方便，便于根据加工要求对刀具材料、几何参数进行选择。

（3）车削对工件的结构、材料、生产批量等有较强的适应性，因此应用广泛。除可车削各种钢材、铸铁、有色金属外，还可以车削玻璃钢、夹布胶木、尼龙等非金属材料。对于一些不适合磨削的有色金属材料可以采用金刚石车刀进行精细车削，能获得很高的加工精度和很小的表面粗糙度值。

（4）除毛坯表面余量不均匀外，绝大多数车削为等切削横截面的连续切削，因此，切削力变化小，切削过程平稳，有利于高速切削和强力切削，生产效率高。

§9-2 铣削

铣削是在铣床上使用多刀刃的铣刀进行切削的一种加工方法，铣削是加工平面和键槽的主要方法之一。

铣削时的运动是以铣刀的旋转运动为主运动，以铣刀的移动或工件的移动、转动为进给运动，如图9-7所示。

一、铣床

铣床种类很多，常用的有卧式升降台铣床、立式升降台铣床、万能工具铣床和龙门铣床等。铣床主要由主轴、工作台、滑鞍、升降台、主轴变速机构、进给变速机构、床身、底座等组成。如图9-8所示为X6132型卧式升降台铣床，其主轴轴线与工作台面平行，具有可沿床身导轨垂直移动的升降台，安装在升降台上的工作台和滑鞍可分别做纵向、横向移动。该机床附件丰富，适用范围广，安装万能铣头后可替代立式铣床进行工作。可在主轴锥孔

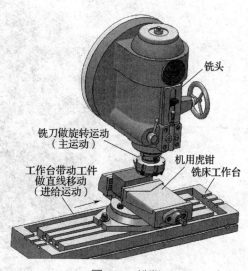

铣头

铣刀做旋转运动
（主运动）

机用虎钳

铣床工作台

工作台带动工件
做直线移动
（进给运动）

图9-7 铣削

直接或通过附件安装各种圆柱铣刀、盘形铣刀、成形铣刀、端面铣刀等刀具，适于加工中小型零件的平面、沟槽、台阶和切断工作等。

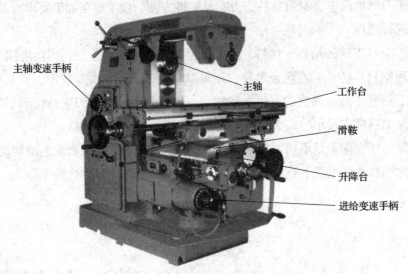

主轴变速手柄

主轴

工作台

滑鞍

升降台

进给变速手柄

图 9-8　X6132 型卧式升降台铣床

如图 9-9 所示为 X5032 型立式升降台铣床，其主轴轴线与工作台面垂直，具有可沿床身导轨垂直移动的升降台，安装在升降台上的工作台和滑鞍可分别做纵向、横向移动。该机床刚度好，进给变速范围广，能承受重负荷切削。主轴锥孔可直接或通过附件安装各种端铣刀、立铣刀、键槽铣刀、成形铣刀等刀具，适于加工各种较复杂中小型零件的平面、键槽、螺旋槽、圆孔等。

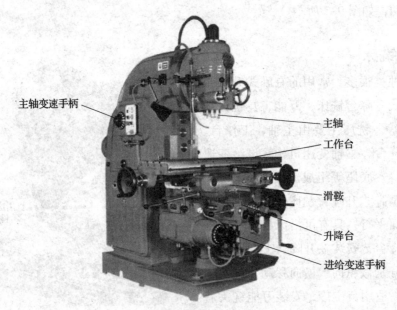

主轴变速手柄

主轴

工作台

滑鞍

升降台

进给变速手柄

图 9-9　X5032 型立式升降台铣床

二、铣床附件及配件

铣床上常用的附件及配件有万能铣头、机用虎钳、回转工作台、万能分度头、铣刀杆、端铣刀盘、铣夹头、锥套等，其结构及用途见表9-3。

表9-3 铣床附件及配件的结构及用途

名称	结构	用途
万能铣头		安装于卧式铣床主轴端，由铣床主轴驱动万能铣头主轴回转，使卧式铣床起立式铣床的功用，从而扩大了卧式铣床的工艺范围
机用虎钳		是一种通用夹具，将其固定在机床工作台上，用来夹持工件进行切削加工。两个钳口板为平面的机用虎钳称为平口钳，它适合装夹以平面定位和夹紧的小型板类零件、矩形零件以及轴类零件
回转工作台		带有可转动的回转工作台台面，用以装夹工件并实现回转和分度定位。主要用于在其圆工作台面上装夹中、小型工件，进行圆周分度和做圆周进给铣削回转曲面，如有角度、分度要求的孔或槽，工件上的圆弧槽，圆弧外形等
万能分度头		利用分度刻度环、游标、定位销和分度盘以及交换齿轮，将装夹在顶尖间或卡盘上的工件进行圆周等分、角度分度、直线移距分度。万能分度头可辅助机床利用各种不同形状的刀具进行各种多边形、花键、齿轮等的加工，并可通过交换齿轮与工作台纵向丝杠连接加工螺旋槽、等速凸轮等，从而扩大了铣床的加工范围

名称	结构	用途
铣刀杆		安装于卧式铣床主轴端，用来安装圆柱铣刀、三面刃铣刀等盘形铣刀
端铣刀盘		安装于卧式铣床或立式铣床主轴端，用来安装端铣刀，用于铣削平面
铣夹头		安装于卧式铣床或立式铣床主轴端，用来安装直柄立铣刀、直柄键槽铣刀等，用于铣削各种沟槽等
锥套		安装于卧式铣床或立式铣床主轴端，用于安装锥柄立铣刀、锥柄键槽铣刀等

三、铣刀

铣床所用刀具可分为端铣刀、立铣刀、键槽铣刀、圆柱铣刀、三面刃铣刀、锯片铣刀、齿轮铣刀等，其结构和用途见表9-4。

表9-4 铣刀的结构和用途

名称	结构	用途
端铣刀		主要用于加工较大的平面
立铣刀		用途较为广泛，可以用于铣削各种形状的槽和孔、台阶平面和侧面、各种盘形凸轮与圆柱凸轮、内外曲面等
键槽铣刀		主要用于铣削键槽
圆柱铣刀		主要用于加工窄而长的平面
三面刃铣刀		分直齿、错齿和镶齿等几种，用于铣削各种槽、台阶平面、工件的侧面及凸台平面

续表

名称	结构	用途
锯片铣刀		用于铣削各种窄槽，以及对板料或型材的切断
齿轮铣刀		用于铣削齿轮及齿条

四、工件的装夹

铣削加工中，工件的装夹非常重要，装夹方法也很多，根据工件的类型和数量多少，大体可分为机用虎钳装夹、压板和螺栓装夹、分度头装夹、专用夹具装夹四类，见表 9-5。

表 9-5　铣削时工件的装夹方法

装夹方法	图示	装夹方法	图示
机用虎钳装夹工件		压板和螺栓装夹工件	

续表

装夹方法	图示	装夹方法	图示
分度头——夹——顶装夹工件	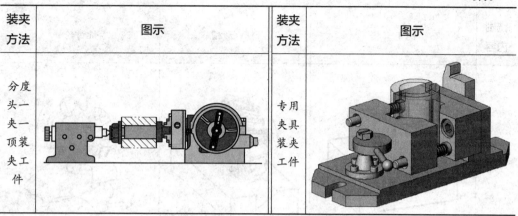	专用夹具装夹工件	

五、铣削的加工范围与特点

1. 铣削的加工范围

在铣床上使用各种不同的铣刀可以完成平面（平行面、垂直面、斜面）、台阶、槽（直角沟槽、V形槽、T形槽、燕尾槽等）、特形面和切断等加工，配以分度头等铣床附件还可以完成花键轴、齿轮、螺旋槽等加工，在铣床上还可以进行钻孔、铰孔和镗孔等工作。铣削的加工范围见表9-6。

表9-6 铣削的加工范围

铣削内容	周铣平面	端铣平面	铣键槽
图例			

铣削内容	铣直角沟槽		切断
图例			

续表

铣削内容	铣 T 形槽	铣 V 形槽	铣齿轮
图例			

2. 铣削的特点

（1）铣削在金属切削加工中是仅次于车削的加工方法。主运动是铣刀的旋转运动，切削速度较高，除加工狭长平面外，其生产效率均高于刨削。

（2）铣削时，切削力是变化的，会产生冲击或振动，影响加工精度和工件表面粗糙度。

（3）铣削加工具有较高的加工精度，其经济加工精度一般为 IT9 ~ IT7，表面粗糙度值一般为 Ra12.5 ~ 1.6 μm。精细铣削精度可达 IT5，表面粗糙度值可达到 Ra0.20 μm。

（4）铣削特别适合形状复杂的组合体零件的加工，在模具制造等行业中占有重要地位。

§9-3 磨削

磨削是用磨具（磨削工具）以较高的切削速度对工件表面进行加工的方法。磨具是以磨料为主制造而成的一类切削工具，以砂轮为磨具的普通磨削应用最为广泛。

一、磨床

磨床的种类很多，目前生产中应用最多的有外圆磨床、内圆磨床、平面磨床和工具磨床等。

1．外圆磨床

外圆磨床主要用于磨削圆柱形和圆锥形外表面。一般情况下，工件装夹在头架和尾座之间进行磨削。外圆磨床分为普通外圆磨床、万能外圆磨床、无心外圆磨床等，其中以普通外圆磨床和万能外圆磨床应用最广。

（1）外圆磨床的结构

如图 9-10 所示为常用万能外圆磨床的外形，它主要由床身、头架、砂轮架、工作台、尾座、内圆磨头等部件组成。

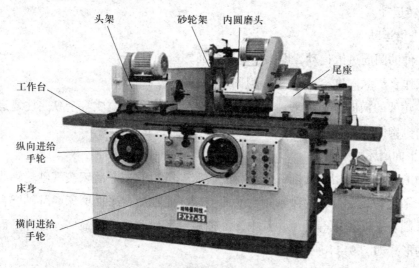

图 9-10　万能外圆磨床

1）床身。床身用以支承磨床其他部件。床身上面有纵向导轨和横向导轨，分别为磨床工作台和砂轮架的移动导向。

2）头架。头架主轴可与卡盘连接或安装顶尖，用以装夹工件。头架主轴由头架上的电动机经带传动、头架内的变速机构带动回转，实现工件的圆周进给。头架可绕垂直轴线逆时针回转 0°~90°。

3）砂轮架。砂轮装在砂轮架主轴的前端，由单独的电动机驱动做高速旋转主运动。砂轮架可以通过液压传动系统或横向进给手轮使其做机动或手动横向进给。砂轮架可绕垂直轴线回转 -30°~30°。

4）工作台。工作台由上、下两层组成，上层可绕下层中心线在水平面内顺（逆）时针回转 3°（共 6°），以便磨削小锥角的长圆锥工件。工作台上层用以安装头架和尾座，工作台下层连同上层一起沿床身纵向导轨移动，实现工件的纵向进给。纵向进给可通过手轮手动调节。工作台由液压传动系统带动沿床身导轨做纵向往复直线进给运动。

5）尾座。尾座套筒内装有顶尖，用以支承工件的另一端。后端装有弹簧，利用可调节的弹簧力顶紧工件，也可以在长工件受磨削热影响而伸长或弯曲变形的情况下，为工件的装卸提供方便。装卸工件时，可采用手动或液动方式使尾座套筒缩回。

6）内圆磨头。内圆磨头上装有内圆磨具，用来磨削内圆。它由专门的电动机经平带带动其主轴高速回转，实现内圆磨削的主运动。不用时，内圆磨头翻转到砂轮架上方，磨内圆时将其翻下使用。

（2）主运动和进给运动

1）主运动。磨削外圆时为砂轮的回转运动，磨削内圆时为内圆磨头的磨具（砂轮）的回转运动。

2）进给运动

①工件的圆周进给运动，即头架主轴的回转运动。

②工作台的纵向进给运动，由液压传动实现。

③砂轮架的横向进给运动，为步进运动，即工作台每完成一个纵向往复运动，由机械传动机构使砂轮架横向移动一个位移量（控制背吃刀量）。

2. 平面磨床

平面磨床是主要用于磨削工件平面的磨床。常用的平面磨床按其砂轮轴线位置和工作台的结构特点，可分为卧轴矩台平面磨床、立轴矩台平面磨床、卧轴圆台平面磨床、立轴圆台平面磨床等类型。其中，卧轴矩台平面磨床应用最广。各种平面磨床磨削运动的形式如图9-11所示。

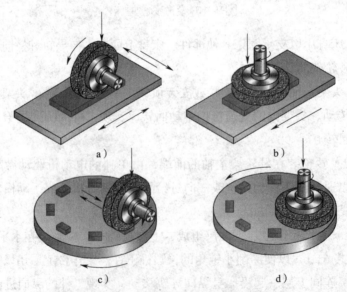

图9-11 各种平面磨床磨削运动的形式
a）卧轴矩台平面磨床　b）立轴矩台平面磨床
c）卧轴圆台平面磨床　d）立轴圆台平面磨床

（1）平面磨床的结构

如图 9-12 所示是一种常用的卧轴矩台平面磨床，它主要由床身、立柱、工作台和磨头等部件组成。平面磨床的主要部件及其功用如下：

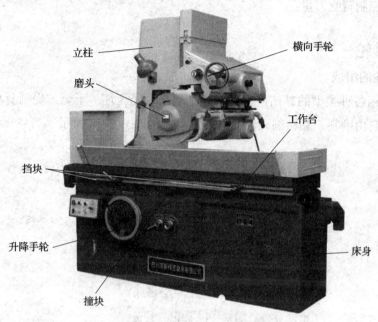

图 9-12 卧轴矩台平面磨床

1）工作台。工作台安装在床身的水平纵向导轨上，由液压传动系统实现纵向直线往复移动，利用撞块自动控制换向。工作台上装有电磁吸盘，用于固定、装夹工件或夹具。

2）磨头。装有砂轮主轴的磨头可沿床鞍上的水平燕尾导轨移动，磨削时的横向步进进给和调整时的横向连续移动由液压传动系统实现，也可用横向手轮手动操纵。磨头的高低位置调整或垂直进给运动，由升降手轮操纵，通过床鞍沿立柱的垂直导轨移动来实现。

（2）主运动与进给运动

M7120A 型平面磨床运动示意图如图 9-13 所示。

1）主运动。磨头主轴上砂轮的回转运动是主运动。

2）进给运动。包括工作台的纵向进给运动、砂轮的横向和垂直进给运动。

①工作台的纵向进给运动。由液压传动系统实现，进给速度为 1 ～ 18 m/min。

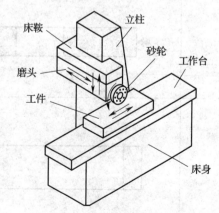

图 9-13 M7120A 型平面磨床运动示意图

②砂轮的横向进给运动。在工作台每一个往复行程终了时，由磨头沿床鞍的水平导轨横向步进实现。

③砂轮的垂直进给运动。手动使床鞍沿立柱垂直导轨上下移动，用以调整磨头的高低位置和控制背吃刀量。

二、砂轮

1. 砂轮的组成

砂轮是用各种类型的黏结剂把磨料黏结起来，经压坯、干燥、烧制及车整而成的磨削工具，它由磨料、黏结剂和气孔三部分组成，如图9-14所示。

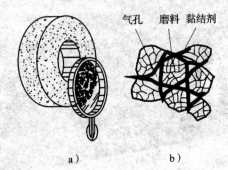

图9-14　砂轮的组成
a）砂轮　b）组成

2. 砂轮的型号和用途

根据磨床的结构及磨削的加工需要不同，砂轮有各种不同的型号，其名称及基本用途见表9-7。

表9-7　常用砂轮的型号、名称及基本用途

型号	示意图	名称	基本用途
1		平形砂轮	用于外圆磨削、内圆磨削、平面磨削、无心磨削、刀具刃磨和螺纹磨削
2		筒形砂轮	用于立式平面磨床上磨平面

型号	示意图	名称	基本用途
3		单斜边砂轮	用于工具磨削,如刃磨铣刀、铰刀、插齿刀等
4		双斜边砂轮	用于磨削齿轮齿面和单线螺纹等
6		杯形砂轮	主要用于刃磨铣刀、铰刀、拉刀等,也可用于磨平面
7		双面四一号砂轮	主要用于外圆磨削和刃磨刀具,还可作为无心磨削的导轮或磨削轮
11		碗形砂轮	应用范围广泛,主要用于刃磨铣刀、铰刀、拉刀、盘形车刀等,也可用于磨机床导轨
12a		碟形一号砂轮	用于刃磨铣刀、铰刀、拉刀和其他刀具,大尺寸的一般用于磨削齿轮齿面

注:↓表示磨具磨削面。

三、磨削的主要加工内容

磨削在各类磨床上实现，磨削的主要加工内容见表 9-8。

表 9-8 磨削的主要加工内容

磨削内容	磨外圆	磨孔	磨平面
图例	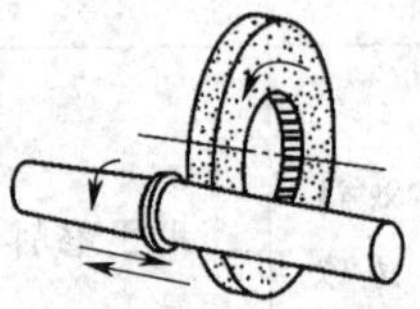	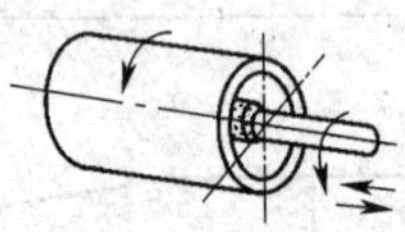	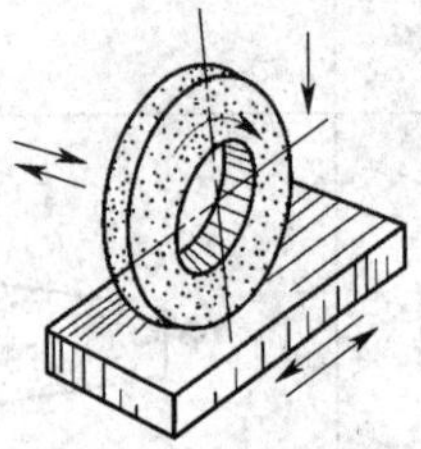

磨削内容	无心磨削	磨成形面	磨螺纹
图例	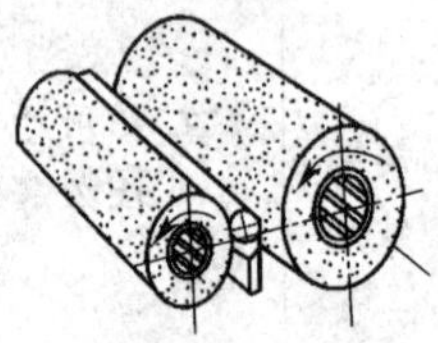	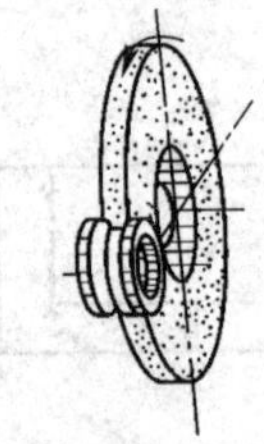	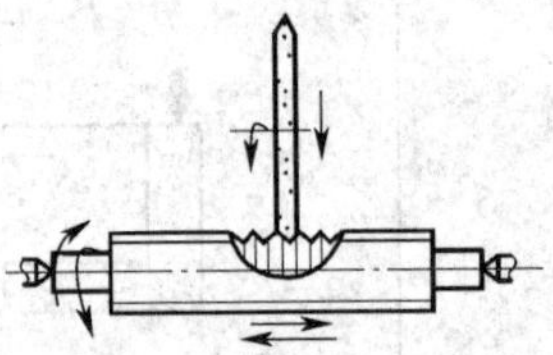

磨削内容	磨齿轮	磨花键	磨导轨
图例		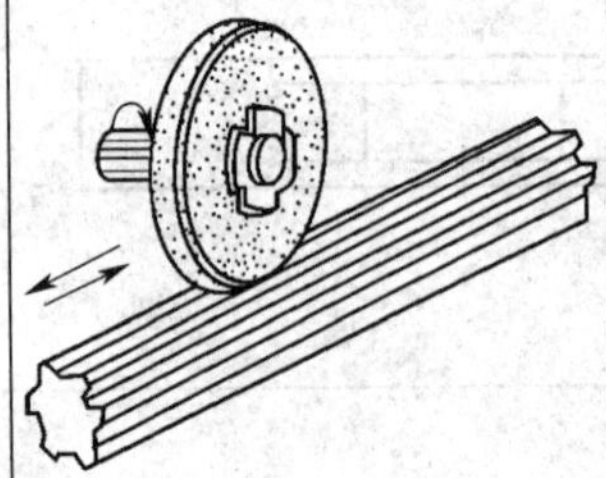	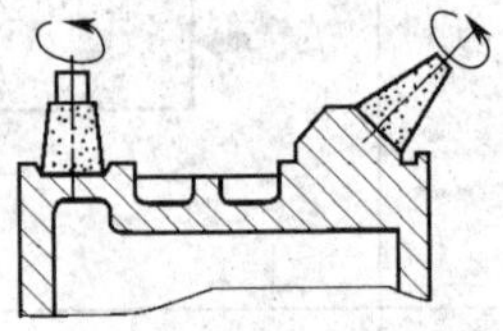

四、磨削的工艺特点

1. 磨削速度高

磨削时，砂轮高速回转，具有很高的切削速度。一般磨削的砂轮切削速度可达 35 m/s，高速磨削时可达 50～85 m/s。

2. 磨削温度高

磨削时，砂轮对工件表面除有切削作用外，还有强烈的摩擦作用，产生大量热量。而砂轮的导热性差，热量不易散发，导致磨削区域温度急剧升高（可达 400～1 000 ℃），容易引起工件表面退火或烧伤。

3. 能获得很高的加工质量

磨削可获得很高的加工精度，其经济加工精度为 IT7 ~ IT6；磨削可获得很小的表面粗糙度值（$Ra0.8 ~ 0.2\,\mu m$），因此磨削被广泛用于工件的精加工。

4. 磨削范围广

砂轮可以磨削硬度很高的材料，如淬硬钢、高速钢、钛合金、硬质合金以及非金属材料（如玻璃、陶瓷）等。许多精密铸造成形的铸件、精密锻造成形的锻件和重要配合面也要经过磨削才能达到精度要求。

5. 少切屑

磨削是一种少切屑加工方法，一般背吃刀量较小，在一次行程中所能切除的材料层较薄，因此，金属切除效率较低。

6. 砂轮在磨削中具有自锐作用

磨削时，部分磨钝的磨粒在一定条件下能自动脱落或崩碎，从而露出新的磨粒，使砂轮能保持良好的磨削性能，这一现象称为"自锐作用"。

§9-4　刨削

如图 9-15 所示，刨削是刨刀相对工件做水平方向直线往复运动的切削加工方法。刨削时，刨刀（或工件）的直线往复运动是主运动，工件（或刨刀）在垂直于主运动方向的间歇移动是进给运动。

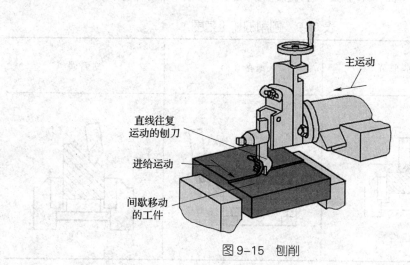

图 9-15　刨削

一、刨床

刨床分为牛头刨床、龙门刨床（包括悬臂刨床）等，其中最为常见的为牛头刨床，如图 9-16 所示，它由床身、滑枕、刀架、横梁、工作台等主要部件组成。

图 9-16　B6065 型牛头刨床

二、刨削的加工范围

刨削可以加工平面（水平面、垂直面、斜面）、台阶、槽、曲面等，见表 9-9。

表 9-9　刨削的加工范围

刨削内容	刨水平面	刨垂直面	刨斜面
图例			

续表

刨削内容	刨台阶	刨直角沟槽	刨T形槽
图例	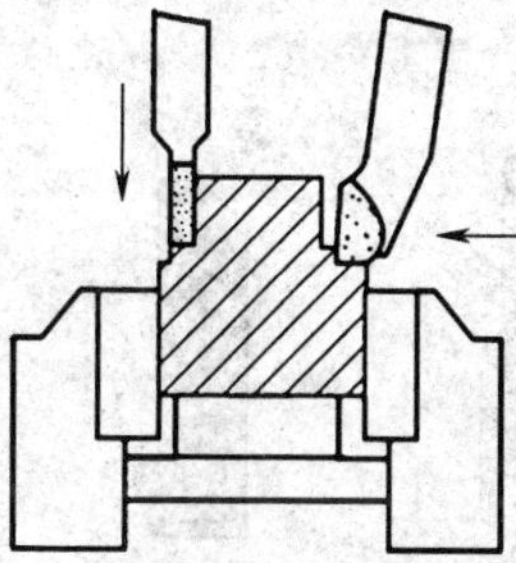	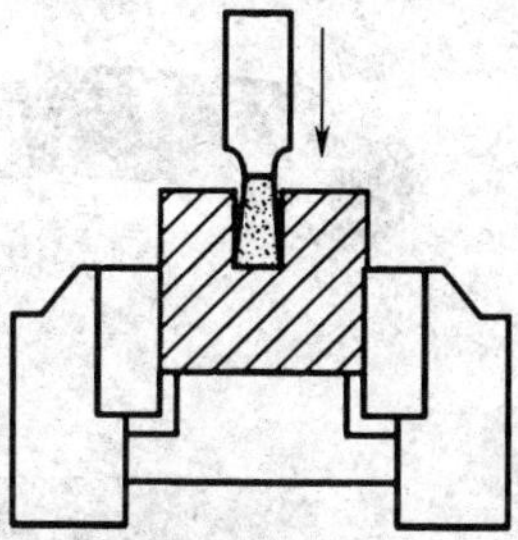	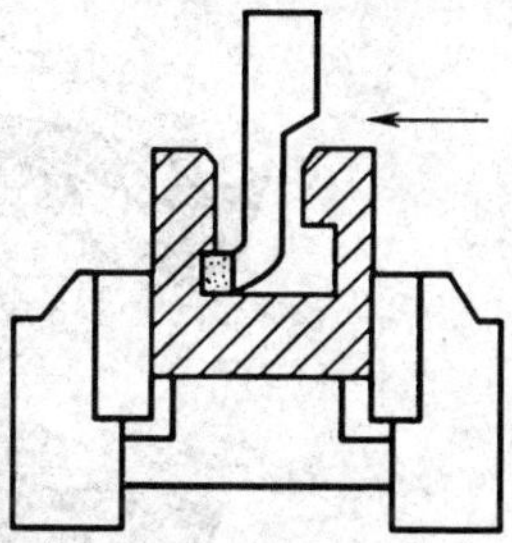

刨削内容	刨曲面	刨孔内键槽	刨齿条
图例	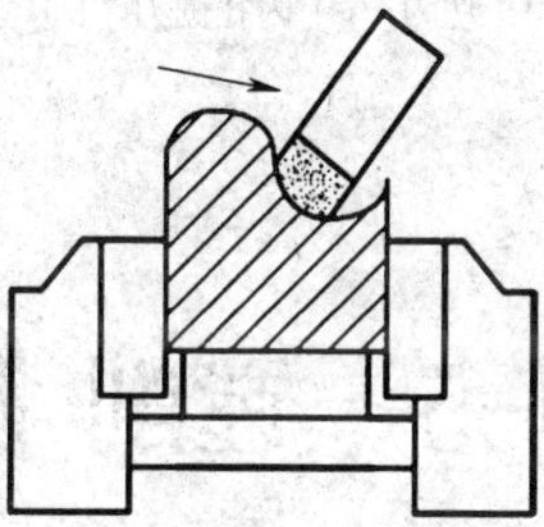	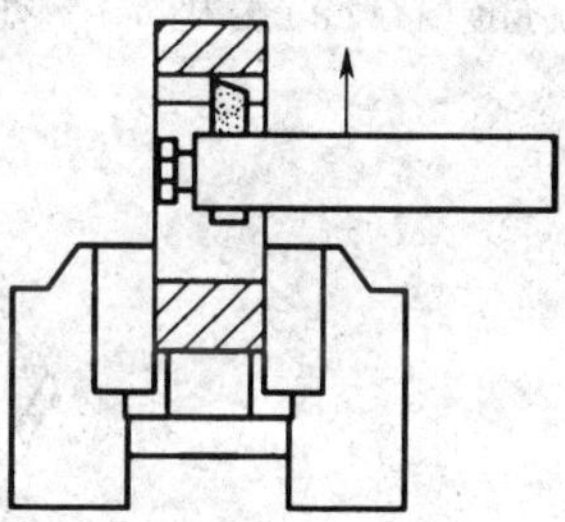	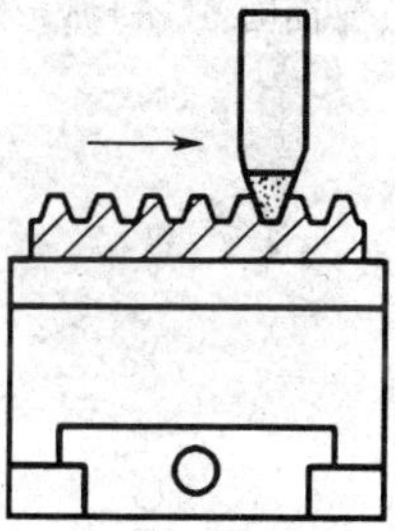

三、刨削的工艺特点

（1）刨削的主运动是直线往复运动，在空行程时做间歇进给运动。由于刨削过程中无进给运动，因此刀具的切削角不变。

（2）刨床结构简单，调整操作都较方便；刨刀为单刃工具，制造和刃磨较容易，价格低廉。因此，刨削生产成本较低。

（3）由于刨削的主运动是直线往复运动，刀具切入和切离工件时有冲击负载，因而限制了切削速度的提高，此外，还存在空行程损失，故刨削生产效率较低。

（4）刨削的加工精度通常为 IT9 ~ IT7，表面粗糙度值为 Ra12.5 ~ 1.6 μm；采用宽刃刀精刨时，加工精度可达 IT6，表面粗糙度值可达 Ra0.8 ~ 0.2 μm。

四、刨刀

刨刀属单刃刀具，如图 9-17 所示。其几何形状与车刀大致相同，由于刨削为断续切削，每次切入工件时，刨刀都要承受较大的冲击力，因此其截面尺寸一般为车刀的 1.25 ~ 1.5 倍，并采用较大的负刃倾角（-10° ~ -20°），以提高切削刃抗冲击载荷的能力。刨刀采用弯头结构，以避免"扎刀"和回程时损坏已加工表面。

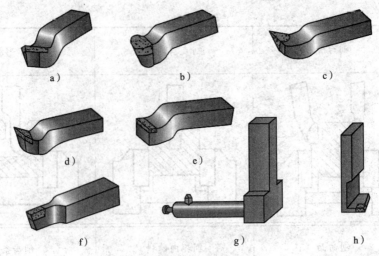

图9-17　刨刀

a）平面刨刀　b）成形刨刀　c）角度偏刀　d）偏刀　e）宽刃刀　f）切刀　g）内孔刨刀　h）弯切刀

§9-5　镗削

镗削是一种用刀具扩大孔或其他圆形轮廓的内径的切削工艺，镗刀的旋转为主运动、工件或镗刀的移动为进给运动。如图9-18所示，镗削时，工件被装夹在工作台上，镗刀用镗刀杆或刀盘装夹，由主轴带动回转做主运动，主轴在回转的同时做轴向移动，以实现进给运动。

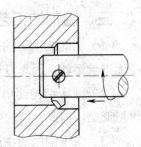

图9-18　镗削

一、镗床

镗床可分为卧式铣镗床、立式镗床、坐标镗床和精镗床等。下面主要介绍卧式铣镗床和坐标镗床。

1. 卧式铣镗床

镗轴水平布置，并可轴向进给，主轴箱沿前立柱导轨垂直移动，能进行铣削的镗床称为卧式铣镗床。卧式铣镗床是镗床中应用最广泛的一种，具有刚度好、加工精度及加工效率高、稳定性好、横向行程长、承载量大、能强力切削等特点。卧式铣镗床特别适用于对较大平面的镗、铣以及对较大箱体类零件及孔系的精加工。除可进行钻、镗、扩、铰孔外，还可利用多种附件进行车、铣等加工。

TPX6111B 型卧式铣镗床由主轴、主轴箱、平旋盘、工作台、前立柱、后立柱等组成，如图 9-19 所示。

图 9-19　TPX6111B 型卧式铣镗床

TPX6111B 型卧式铣镗床为通用机床，可进行钻孔、扩孔、镗孔、铰孔、锪平面及铣削等工作。同时机床带有固定的平旋盘，平旋盘中的滑块可做径向进给，因此，能镗削较大尺寸的孔，以及车外圆、平面、切槽等。它具有以下结构特点：

（1）工作台能进行纵向、横向移动，并能实现 360° 回转运动；床身、滑座、立柱铸件各壁间设有"十"字形肋交叉连成一体，保证铸件结构刚性好。

（2）主轴结构刚度高，精度保持性好，转速范围宽。

（3）主轴变速、进给变速采用液压控制，操作方便，节省辅助时间，工作效率高。

（4）主轴箱升降，工作台纵、横向移动及回转运动分配与夹紧均采用自动控制，省时省力，方便可靠。

（5）工作台回转定位时采用光学瞄准器，定位精度高，有较高的调头镗孔精度。

（6）床身导轨及下滑座上导轨采用全封闭式拉板防护，可延长导轨使用寿命。

（7）机床的移动部件之间均有电—液互锁关系，只允许有一个移动部件运动，而其他部件自动锁紧。

2. 坐标镗床

具有精密坐标定位装置的镗床称为坐标镗床。坐标镗床是一种高精度机床，刚度和抗振性很好，还具有工作台、主轴箱等运动部件的精密坐标测量装置，能实现工件和刀具的精密定位。因此，坐标镗床加工的尺寸精度和几何精度都很高。坐标镗床主要用于单件小批量生产条件下对夹具的精密孔、孔系和模具零件的加工，也可用于成批量生产时对各类箱体、缸体等的精密孔系进行加工。TX4163C 型单柱坐标镗床如图 9-20 所示。

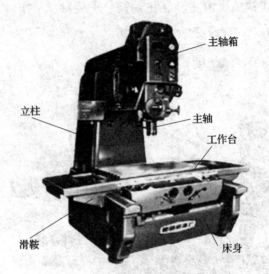

图 9—20　TX4163C 型单柱坐标镗床

TX4163C 型单柱坐标镗床的主要特点是：

（1）床身结构采用"米"字形肋结构，提高了床身的刚度。采用三点支承，调整机床水平方便，机床精度稳定。

（2）主轴带动刀具做旋转主运动，主轴套筒沿轴向做进给运动。其结构简单，操作方便，但刚度较差，特别适于加工板状零件的精密孔。

（3）主轴轴承采用预加负荷的特殊滚柱轴承和高精度推力轴承，旋转精度高。

（4）X、Y 坐标移动导轨移动灵活、精度高，不易磨损。其装有坐标监测系统，并采用光栅尺与数显表读数系统。

二、镗削的加工范围

镗削主要用于加工箱体、支架和机座等工件上的圆柱孔、螺纹孔、孔内沟槽和端面。当采用特殊附件时，也可加工内外球面、锥孔等，见表 9—10。

表 9—10　镗削的加工范围

镗削内容	1. 镗轴上装悬伸刀杆镗小直径孔	2. 用平旋盘上的悬伸刀杆镗大直径孔
图例		

续表

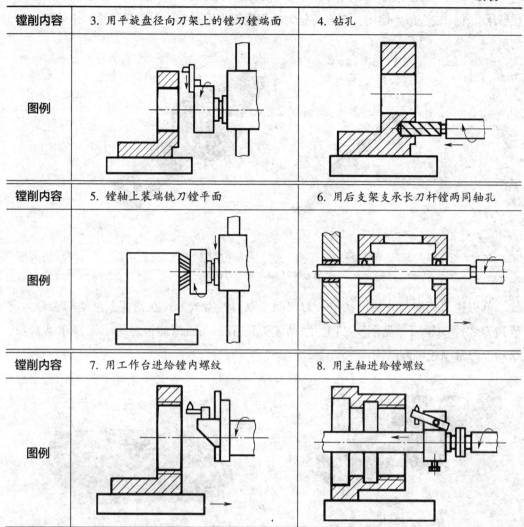

镗削内容	3. 用平旋盘径向刀架上的镗刀镗端面	4. 钻孔
图例		
镗削内容	5. 镗轴上装端铣刀镗平面	6. 用后支架支承长刀杆镗两同轴孔
图例		
镗削内容	7. 用工作台进给镗内螺纹	8. 用主轴进给镗螺纹
图例		

三、镗削的工艺特点

（1）镗刀结构简单，刃磨方便，成本低。

（2）镗削可以方便地加工直径很大的孔及孔系。

（3）镗床多种部件能实现进给运动，因此，工艺适应能力强，能加工形状多样、大小不一的表面。

（4）镗孔可修正上一工序所产生的孔的轴线位置误差，保证孔的位置精度。镗孔的经济加工精度为 IT9 ~ IT7，孔距精度可达 0.015 mm，表面粗糙度值为 $Ra3.2 ~ 0.8\ \mu m$。

四、镗刀

镗刀一般是圆柄的，工件较大时可使用方刀柄。镗刀最常用的场合就是内孔加工。

它有一个或两个切削部分，专门用于对已有的孔进行粗加工、半精加工或精加工。镗刀可在镗床、车床或铣床上使用。镗刀可分为单刃镗刀（见图 9-21）和双刃镗刀（见图 9-22）两类。

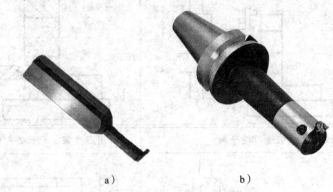

a）   b）

图 9-21　单刃镗刀及单刃可调镗刀
a）单刃镗刀　b）单刃可调镗刀

　　单刃镗刀切削部分的形状与车刀相似。双刃镗刀按刀片在镗杆上浮动与否分为定装镗刀和浮动镗刀（见图 9-23）。浮动镗刀适用于孔的精加工。为了提高重磨次数，浮动镗刀常制成可调结构。

图 9-22　双刃镗刀

图 9-23　浮动镗刀

§9-6　钳加工

一、錾削、锯削与锉削

1. 錾削

　　用锤子打击錾子对金属工件进行切削加工的方法称为錾削，如图 9-24 所示。錾削是一种粗加工，目前主要用于不便于机床加工或机床加工不经济的场合，如去除毛坯上的毛刺、分割材料、錾削沟槽及油槽等。

2. 锯削

用手锯对材料或工件进行切断或切槽的加工方法称为锯削，如图 9-25 所示。锯削是一种粗加工方式，平面度一般可控制在 0.5 mm 之内。它具有操作方便、简单、灵活、不受设备和场地限制等特点，应用广泛。

图 9-24　錾削

图 9-25　锯削

3. 锉削

用锉刀对工件表面进行切削加工，使工件达到所要求的尺寸、形状和表面粗糙度值的操作方法称为锉削，如图 9-26 所示。锉削一般是在錾、锯削之后对工件进行的精度较高的加工，其精度可达 0.01 mm，表面粗糙度值可达 $Ra0.8\ \mu m$。锉削的应用范围较广，可以去除工件上的毛刺，锉削工件的内外表面、各种沟槽和形状复杂的表面，还可以制作样板以及对零件的局部进行修整等。

图 9-26　锉削

二、钻床和孔加工

1. 钻床

钻床指主要用钻头在工件上加工孔的机床。通常钻头旋转为主运动，钻头轴向移动为进给运动。钻床结构简单，加工精度相对较低，可钻通孔、盲孔，更换特殊刀具后可扩孔、锪孔、铰孔或攻螺纹等。加工过程中工件不动，让刀具移动，将刀具中心对正孔中心，并使刀具转动（主运动）。

钻床分为台式钻床、立式钻床和摇臂钻床等，其中台式钻床（简称台钻）最常用，如图 9-27 所示。钻头的旋转运动由电动机带动，钻头的升降通过旋转进给手柄完成。

2. 孔加工

（1）钻孔

用麻花钻在实体材料上加工孔的方法称为钻孔（也称钻削），如图 9-28 所示。钻孔的精度较低，一般加工后的尺寸精度为IT11～IT10，表面粗糙度值一般为$Ra50～12.5\ \mu m$，常用于钻削要求不高的孔或螺纹孔的底孔。

图9-27　台钻

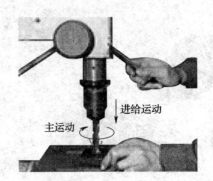

图9-28　钻孔

麻花钻是孔加工的主要刀具，一般用高速钢制成。它分直柄和锥柄两种，为便于装夹，通常钻削$\phi 13\ mm$以下的孔时，选用直柄麻花钻；钻削$\phi 13\ mm$以上的孔时，选用莫氏锥柄麻花钻。麻花钻的结构如图9-29所示。

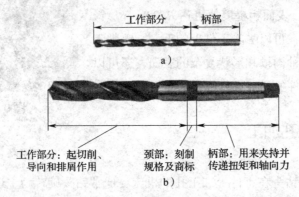

图9-29　麻花钻的结构

a）直柄麻花钻　b）锥柄麻花钻

（2）扩孔

用扩孔刀具对工件上原有的孔进行扩大加工的方法称为扩孔。当孔径较大时，为了防止钻孔产生过多的热量造成工件变形或切削力过大，或更好地控制孔径尺寸，往往先钻出比图样要求小的孔，然后再把孔径扩大至要求。扩孔精度可达IT10～IT9，表面粗糙度值可达$Ra12.5～3.2\ \mu m$。标准扩孔钻的结构及扩孔原理如图9-30所示，扩孔钻有3～4个刃带，无横刃，加工时导向效果好，背吃刀量小，轴向抗力小，切削条件优于钻孔。

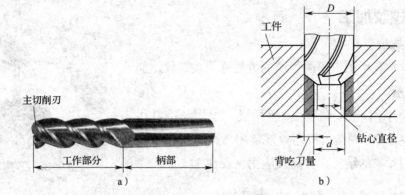

图9-30　扩孔钻的结构及扩孔原理

a）扩孔钻的结构　b）扩孔原理

（3）锪孔

用锪钻在孔口加工平底或锥形沉孔称为锪孔。锪孔时使用的刀具称为锪钻，一般用高速钢制造。锪钻按孔口的形状分为锥形锪钻、圆柱形锪钻和端面锪钻等（见图9-31），可分别锪制锥形沉孔、圆柱形沉孔和凸台端面等。

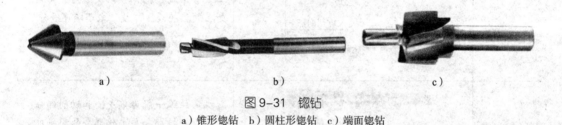

图9-31　锪钻

a）锥形锪钻　b）圆柱形锪钻　c）端面锪钻

（4）铰孔

用铰刀从工件孔壁上切除微量金属层，以获得较高的尺寸精度和较小的表面粗糙度值，这种对孔精加工的方法称为铰孔。铰刀是精度较高的多刃刀具，具有切削余量小、导向性好、加工精度高等特点。一般尺寸精度可达 IT9 ~ IT7，表面粗糙度值可达 $Ra3.2 ~ 0.8\ \mu m$。

常用的铰刀有手用整体圆柱铰刀、机用整体圆柱铰刀等，如图9-32所示。

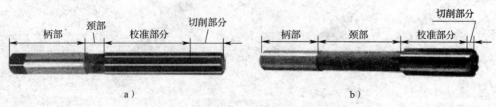

图9-32　铰刀

a）手用整体圆柱铰刀　b）机用整体圆柱铰刀

三、螺纹加工

1. 攻螺纹

用丝锥在孔中加工出内螺纹的方法称为攻螺纹，如图9-33所示。

丝锥分手用丝锥和机用丝锥两类。手用丝锥常用合金工具钢9SiCr制造，机用丝锥常用高速钢W18Cr4V制造。常用丝锥的结构、特点及应用见表9-11。

图9-33 攻螺纹

表9-11 常用丝锥的结构、特点及应用

种类	图示	特点及应用
手用丝锥	头攻标识符 头攻切削部分 a）头攻 二攻标识符 二攻切削部分 b）二攻 末攻无标识符 末攻切削部分 c）末攻	为了减小切削力和延长丝锥使用寿命，一般将整个切削工作量分配给几支丝锥来承担，头攻切削部分最长，二攻和末攻切削部分依次缩短。使用时必须按头攻、二攻、末攻顺序进行
机用丝锥	a）普通机用丝锥 b）螺旋机用丝锥	机用丝锥一般为单支，其切削部分较短，夹持部分与工作部分的同轴度较好，多用于细牙丝锥。螺旋机用丝锥的特点是便于排屑

铰杠是手工攻螺纹时用来夹持丝锥的工具。常用铰杠分普通铰杠和丁字铰杠两种，其结构如图9-34所示。

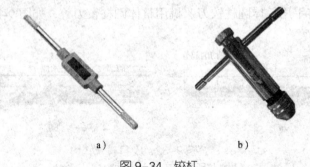

a）   b）

图9-34 铰杠

a）普通铰杠 b）丁字铰杠

2. 套螺纹

用板牙在圆杆上加工出外螺纹的方法称为套螺纹，如图 9-35 所示。

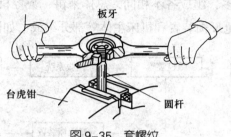

图 9-35 套螺纹

套螺纹用的工具包括板牙和板牙架，其结构如图 9-36 所示。板牙用合金工具钢或高速钢制成，在板牙两端面处有带锥角的切削部分，中间一段为具有完整牙型的校准部分，因此正、反均可使用。另外，在板牙圆周上开有一 V 形槽，其作用是当板牙磨损螺纹直径变大后，可沿该 V 形槽切开，借助板牙架上的两调整螺钉进行螺纹直径的微量调节，以延长板牙的使用寿命。

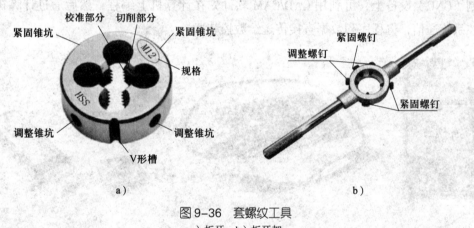

图 9-36 套螺纹工具
a）板牙 b）板牙架

§9-7 数控加工

按预先编制的程序，由控制系统发出数字信息指令对工件进行加工的机床，称为数控机床。具有数控特性的各类机床均可称为相应的数控机床，如数控车床、数控铣床、加工中心等。

一、数控机床的组成

数控机床的种类较多，组成各不相同，总体来讲，数控机床主要由控制介质、数控装置、伺服系统、测量反馈装置和机床主体等部分组成，如图 9-37 所示。

图 9-37　数控机床的组成

1. 控制介质

控制介质是指将零件加工信息传送到数控装置的程序载体。控制介质有多种形式，随数控装置类型的不同而不同，常用的有闪存卡、移动硬盘、U 盘等（见图 9-38）。随着计算机辅助设计 / 计算机辅助制造（CAD/CAM）技术的发展，在某些计算机数字控制（CNC）设备上，可利用 CAD/CAM 软件先在计算机上编程，然后通过计算机与数控系统通信，将程序和数据直接传送给数控装置。

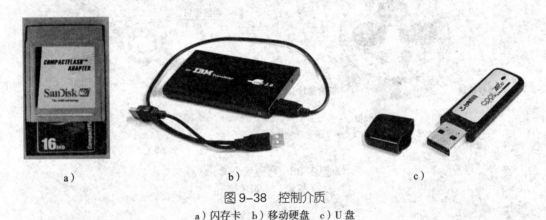

a)　　　　　　　　　　b)　　　　　　　　　　c)

图 9-38　控制介质

a）闪存卡　b）移动硬盘　c）U 盘

2. 数控装置

数控装置是数控机床的核心，通常是一台带有专门系统软件的专用计算机。如图 9-39 所示是某数控车床的数控装置。它由输入装置（如键盘）、控制运算器和输出装置（如显示器）等构成。它接收控制介质上的数字化信息，经过控制软件或逻辑电路进行编译、运算和逻辑处理后，输出各种信号和指令，控制机床的各个部分进行规定的、有序的运动。

图 9-39　数控装置

3．伺服系统

伺服系统由驱动装置和执行部件（如伺服电动机）组成，它是数控机床的执行机构，如图9-40所示。伺服系统分为进给伺服系统和主轴伺服系统。伺服系统的作用是把来自数控装置的指令信号转换为机床移动部件的运动，使工作台（或滑板）精确定位或按规定的轨迹做严格的相对运动，最后加工出符合图样要求的零件。伺服系统作为数控机床的重要组成部分，其本身的性能直接影响整个数控机床的精度和速度。

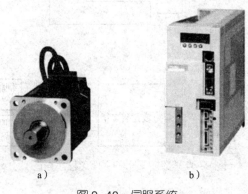

a） b）

图9-40 伺服系统
a）伺服电动机 b）驱动装置

4．测量反馈装置

测量反馈装置的作用是通过测量元件将机床移动的实际位置、速度参数检测出来，转换成电信号，反馈给数控装置，使数控装置能随时判断机床的实际位置、速度是否与指令一致，如果不一致数控装置将发出相应指令，纠正所产生的误差，进而保证机床的加工精度。测量反馈装置一般安装在数控机床的工作台或丝杠上，相当于普通机床的刻度盘和操作者的眼睛。

5．机床主体

机床主体是数控机床的本体，主要包括床身、底座、工作台、主轴箱、进给机构、刀架、换刀机构等，此外为保证充分发挥数控机床的性能，数控机床还需要配备气动、液压、冷却、润滑、保护、照明、排屑等辅助装置。

二、数控机床的工作过程

数控机床加工零件时，根据零件图样要求及加工工艺，将所用刀具、刀具运动轨迹与速度、主轴转速与旋转方向、冷却等辅助操作以及相互间的先后顺序，以规定的数控代码编制成程序，并输入到数控装置中，在数控装置内部控制软件的支持下，经过处理、计算后，向机床伺服系统及辅助装置发出指令，驱动机床各运动部件及辅助装置进行有序的动作与操作，实现刀具与工件的相对运动，加工出所要求的零件。图9-41所示为数控车床的工作过程示意图。

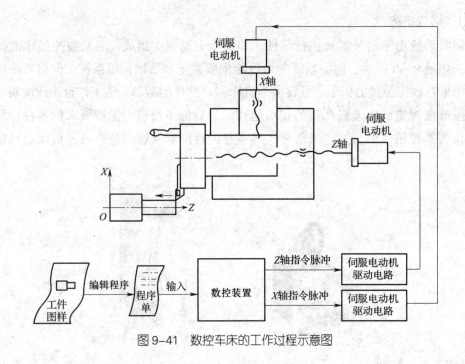

图9-41 数控车床的工作过程示意图

三、数控机床的特点

数控机床是实现柔性自动化的重要设备，与普通机床相比，数控机床具有如下特点：

1. 适应性强

数控机床在更换加工产品时，只需要改变数控装置内的加工程序、调整有关的数据就能满足新产品的生产需要，较好地解决了单件、中小批量和多变产品的加工问题。

2. 加工精度高

数控机床本身的精度都比较高，中小型数控机床的定位精度可达 0.005 mm，重复定位精度可达 0.002 mm，而且还可利用软件进行精度校正和补偿，因此可以获得非常高的加工精度。

3. 生产效率高

数控机床可进行大切削用量的强力切削，有效节省了基本作业时间，还具有自动变速、自动换刀和其他辅助操作自动化等功能，使辅助作业时间大为缩短，所以一般比普通机床的生产效率高。

4. 自动化程度高，劳动强度低

数控机床的工作是按预先编制好的加工程序自动连续完成的，操作者除了输入加工程序或操作键盘、装卸工件、实施关键工序的中间检测以及观察机床运行之外，不需要进行繁杂的重复性手工操作，劳动强度与紧张程度均大为减轻。

四、常用数控机床的类型及用途

常用数控机床的类型及用途见表9-12。

表9-12 常用数控机床的类型及用途

类型	用途	图示
数控车床	数控车床是当今国内外使用量较大、覆盖面较广的一种数控机床，主要用于旋转体工件的加工	
数控铣床	数控铣床是一种用途十分广泛的机床，主要用于各种复杂的平面、曲面和壳体类零件的加工，如各类凸轮、模具、连杆、叶片、螺旋桨和箱体等零件的铣削加工，同时还可以进行钻孔、扩孔、铰孔、攻螺纹、镗孔等加工	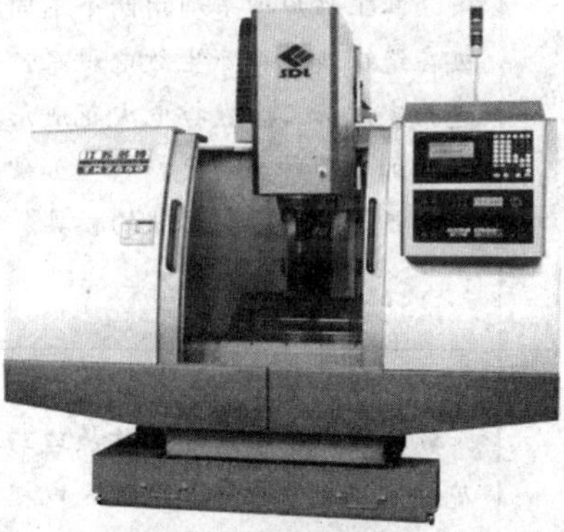
加工中心	加工中心备有刀库，具有自动换刀功能，是对工件一次装夹后进行多工序加工的数控机床。工件装夹后，数控系统能控制机床按不同工序自动选择和更换刀具、自动改变主轴转速和进给量等，可连续完成钻、镗、铣、铰、攻螺纹等多种工序的加工	
数控磨床	数控磨床是利用磨具对工件表面进行磨削加工的机床。大多数数控磨床使用高速旋转的砂轮进行磨削加工，少数使用油石、砂带等其他磨具和游离磨料进行加工，如珩磨机、超精加工机床、砂带磨床、研磨机和抛光机等	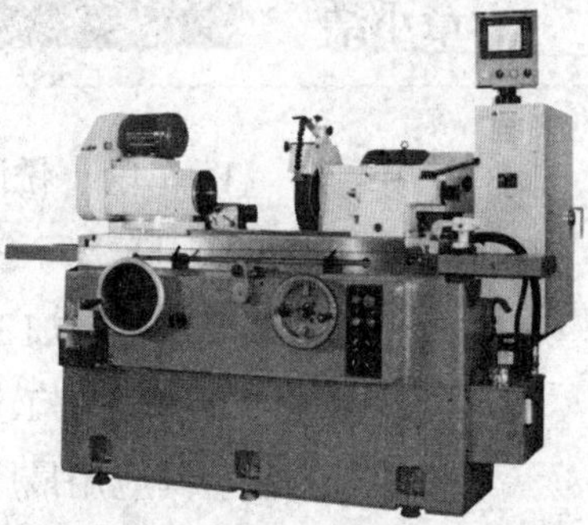

续表

类型	用途	图示
数控钻床	数控钻床主要用于钻孔、扩孔、铰孔、攻螺纹等加工	
数控电火花成形机床	数控电火花成形机床属于特种加工机床。其工作原理是利用两个不同极性的电极在绝缘液体中产生放电现象，去除材料进而完成加工。数控电火花成形机床主要用于加工各种高硬度材料（如硬质合金和淬火钢等）和复杂形状的模具、零件等	
数控线切割机床	数控线切割机床的工作原理与数控电火花成形机床一样，其电极是电极丝，加工液一般采用去离子水。该机床主要用于各类模具、电极、精密零部件的制造，以及硬质合金、石墨、铝合金、结构钢、不锈钢、钛合金、金刚石等各种导电体的复杂型腔和曲面形体的加工	

 本章小结

1. 车削、铣削、磨削是机械加工中最重要的加工方法，本章重点是认识车床、铣床、磨床的结构，了解其常用夹具和刀具，掌握其主要功能、加工范围和特点。

2. 车削是工件旋转做主运动，车刀移动做进给运动的切削加工方法。其应用最广泛，主要用于加工各种内、外回转表面。

3. 铣削的应用仅次于车削，是加工平面的主要方法之一。铣削在平面、槽、台阶及各种特形曲面的加工中有着其他加工方法无法比拟的优势。

4. 磨削时所用的砂轮可以视为带有无数细微刀齿的铣刀，所以磨削是一种微屑切削的精加工方法。磨削应用范围极广，凡车削、铣削所能完成的工作内容，一般都可以通过磨削进行精加工。

5. 刨削所需的机床、刀具结构简单，制造安装方便，调整容易，通用性强。因此，在单件、小批量生产中特别是加工狭长平面时被广泛应用。

6. 镗削可保证平面、孔、槽的垂直度、平行度等，可保证同轴孔的同轴度，可在一次装夹下加工相互垂直、平行的孔和平面。

7. 钳加工的特点是以手工操作为主，灵活性强，主要担负着用机械方法不太适宜或不能解决的某些工作。

8. 数控机床可实现不同品种和不同尺寸规格工件的自动加工，能完成很多普通机床难以胜任或者根本不可能加工出来的复杂零件的加工。

附 录
常用液压与气动元件图形符号[①]

一、液压部分

1. 控制阀

名称	符号	名称	符号
二位二通方向控制阀（电磁铁操纵，常开）	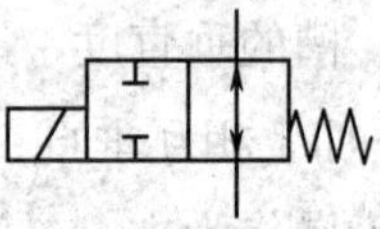	二位二通方向控制阀（推压控制，常闭）	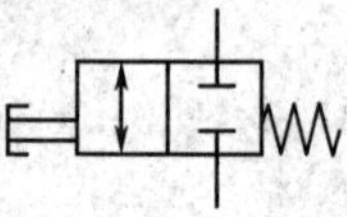
二位三通方向控制阀	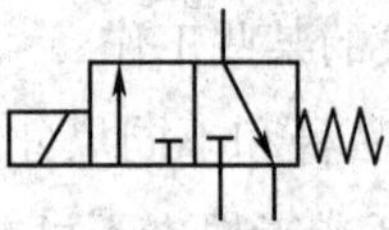	二位三通方向控制阀（滚轮杠杆控制）	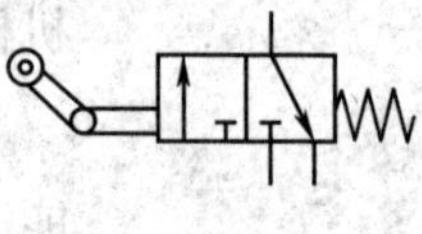
二位三通锁定阀	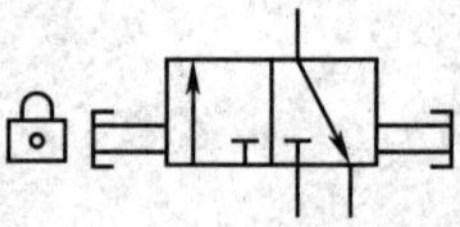	二位三通方向控制阀（单电磁铁操纵，定位销式手动定位）	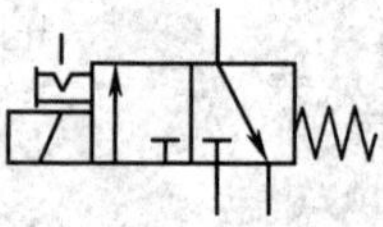
二位四通方向控制阀	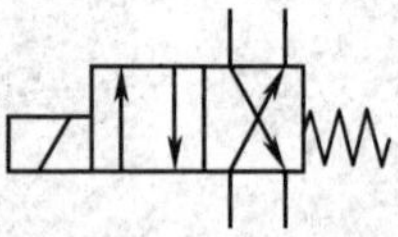	二位四通方向控制阀（双电磁铁操纵，定位销式）	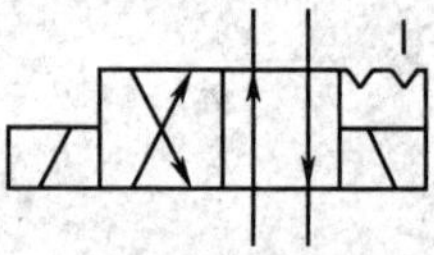
二位四通方向控制阀（电磁铁操纵液压先导控制，弹簧复位）	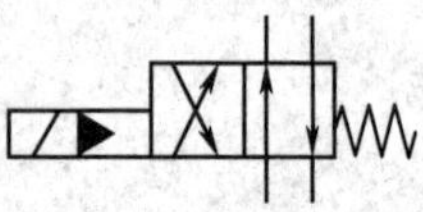	三位四通方向控制阀（电磁铁操纵先导级，液压操纵主阀）	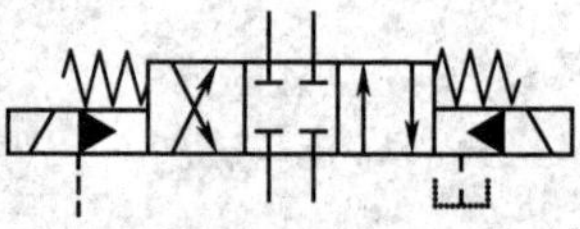
三位四通方向控制阀（双电磁铁直接操纵）	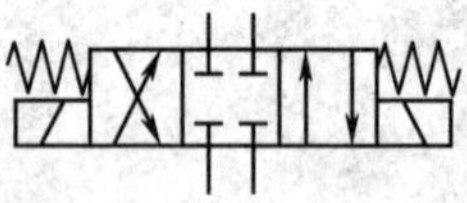	二位四通方向控制阀（液压控制，弹簧复位）	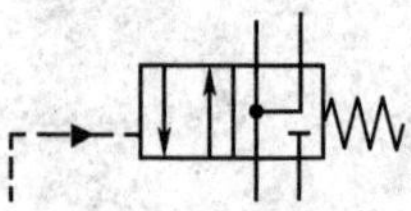
三位四通方向控制阀（液压控制，弹簧对中）	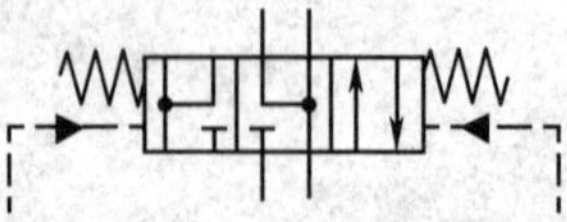	二位五通方向控制阀（踏板控制）	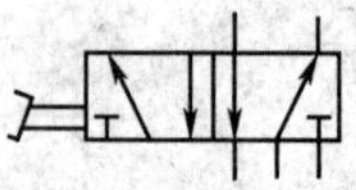
直动式溢流阀	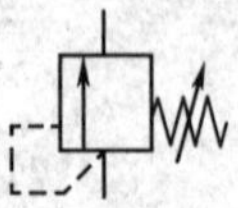	顺序阀（手动调节设定值）	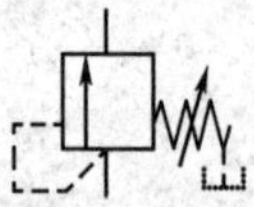

---

① 摘自 GB/T 786.1—2009。

名称	符号	名称	符号
单向顺序阀（带有旁通阀）		直动式减压阀（外泄型）	
先导式减压阀（外泄型）		可调节流量控制阀	
可调节流量控制阀（单向自由流动）		流量控制阀（滚轮杠杆操纵，弹簧复位）	
单向阀		单向阀（带弹簧复位）	
先导式液控单向阀		梭阀（"或"逻辑）	

2. 泵和马达

名称	符号	名称	符号
变量泵		变量泵（双向流动，带外泄油路，单向旋转）	
定量泵或马达（单向旋转）		双向变量泵或马达（双向流动，带外泄油路，双向旋转）	

3. 缸

名称	符号	名称	符号
单作用单杆缸		双作用单杆缸	
双作用双杆缸（双侧缓冲，右侧带调节）		单作用柱塞缸	
单作用伸缩缸		双作用伸缩缸	
单作用增压器	P1　　P2	双作用缸（行程两端定位）	

4. 辅助元件

名称	符号	名称	符号
软管总成		三通旋转接头	1 2 3
快换接头（不带单向阀，断开状态）		快换接头（带单向阀，断开状态）	
快换接头（带两个单向阀，断开状态）		快换接头（不带单向阀，连接状态）	

续表

名称	符号	名称	符号
光学指示器		声音指示器	
数字指示器		压差计	
压力表		液位计	
温度计		转速仪	
流量计		开关式定时器	
转矩仪		过滤器	
计数器		离心式分离器	

二、气动部分

1. 控制阀

名称	符号	名称	符号
二位二通方向控制阀（推压控制，常闭）		二位二通方向控制阀（电磁铁操纵，常开）	

续表

名称	符号	名称	符号
二位四通方向控制阀	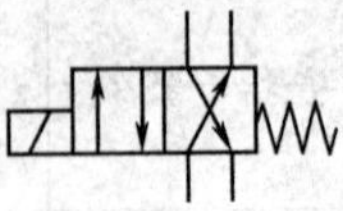	气动软启动阀（内部先导控制）	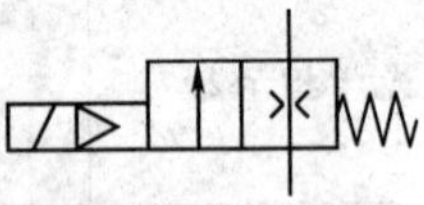
二位三通锁定阀	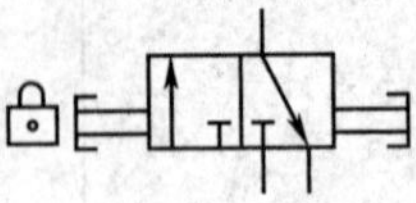	二位三通方向控制阀（滚轮杠杆控制）	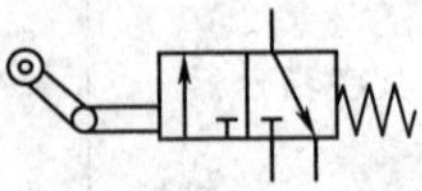
二位三通方向控制阀（常闭）	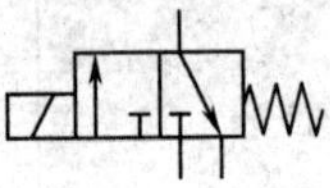	二位三通方向控制阀（定位销式手动定位）	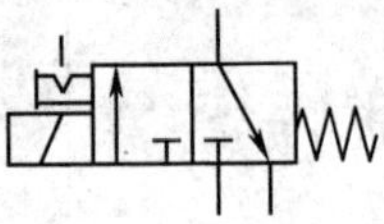
带气动输出信号的脉冲计数器	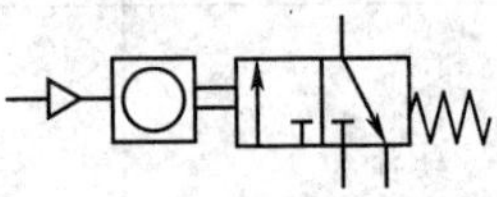	二位三通方向控制阀（差动先导控制）	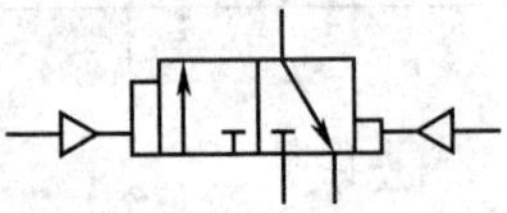
三位四通方向控制阀	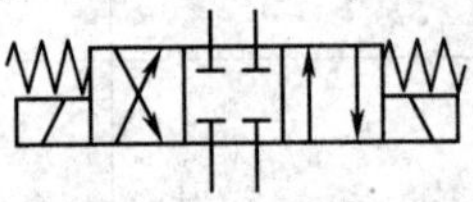	二位五通气动方向控制阀（外部先导供气）	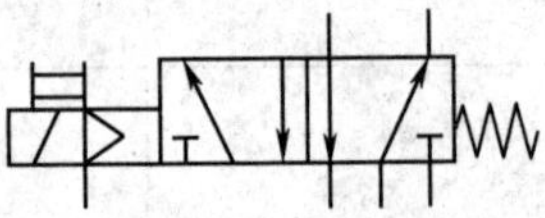
二位五通直动式气动方向控制阀	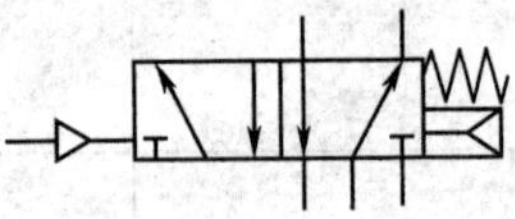	三位五通直动式气动方向控制阀	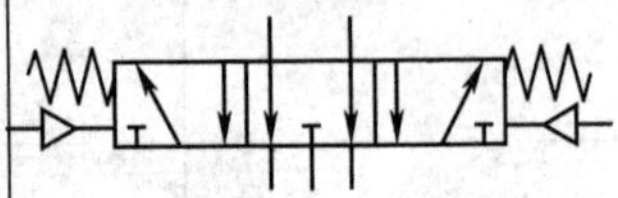
直动式溢流阀	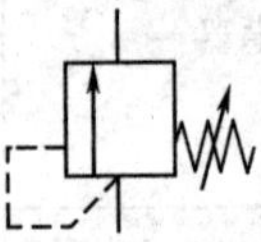	顺序阀（外部控制）	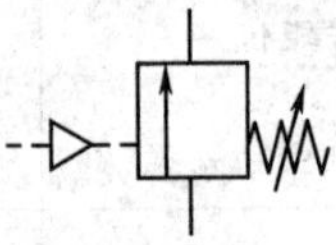
减压阀（内部流向可逆）	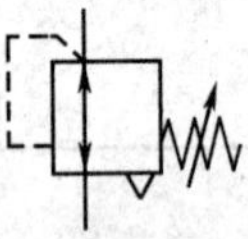	减压阀（远程先导可调）	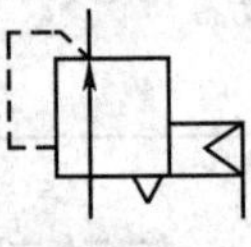
双压阀（"与"逻辑）	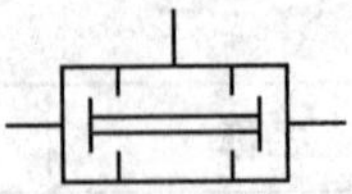	流量控制阀（流量可调）	
流量控制阀（带单向阀）	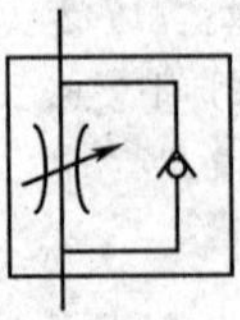	流量控制阀（滚轮柱塞操纵）	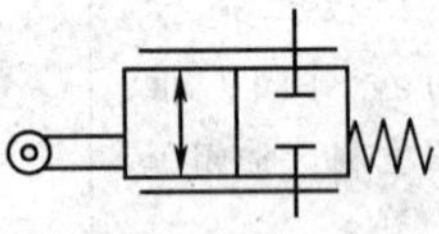

230

续表

名称	符号	名称	符号
单向阀（先导式）		双单向阀（先导式）	
梭阀（"或"逻辑）		快速排气阀	

2. 空气压缩机和马达

名称	符号	名称	符号
摆动气缸或摆动马达		马达	
空气压缩机		双向摆动马达（变方向定流量）	
真空泵		连续增压器	P1 P2

3. 缸

名称	符号	名称	符号
单作用单杆缸		双作用单杆缸	
双作用双杆缸（双侧缓冲，右侧带调节）		单作用柱塞缸	
单作用伸缩缸		双作用伸缩缸	

续表

名称	符号	名称	符号
双作用缸（行程两端定位）		单作用压力介质转换器	
波纹管缸		软管缸	

4. 辅助元件

名称	符号	名称	符号
过滤器（带光学指示器）		过滤器（带压力表）	
过滤器（旁路节流）		过滤器（带旁路单向阀）	
过滤器（自动排水聚结式）		双相分离器	
手动排水流体分离器		带手动排水流体分离器的过滤器	
自动排水流体分离器		吸附式过滤器	
油雾分离器		空气干燥器	

续表

名称	符号	名称	符号
油雾器		手动排水式油雾器	
真空发生器		气罐	